山西省科技战略研究专项课题"科技创新团队持续培育机制政策研究"（项目编号：202204031401023）

山西省教育厅项目"山西省高新技术产业创新生态系统适宜度评价研究"（项目编号：2021W078）

山西省教育厅高校人文社会科学重点研究基地项目（项目编号：20200126）

山西省回国留学人员科研资助项目"山西省装备制造业创新生态系统健康性评价研究"（项目编号：2020-119）

山西省教育厅课题"创新生态背景下山西省高校学科专业与产业结构优化升级协调性分析"（项目编号：2020YJJG197）

THE ROAD TO IMPROVING THE INNOVATION ECOSYSTEM:
TAKING SHANXI AS AN EXAMPLE

创新山西

创新生态系统的提升之路

李彦华　法　如◎著

经济管理出版社
ECONOMY & MANAGEMENT PUBLISHING HOUSE

图书在版编目（CIP）数据

创新山西：创新生态系统的提升之路/李彦华，法如著．—北京：经济管理出版社，2023.9
ISBN 978-7-5096-9318-6

Ⅰ．①创…　Ⅱ．①李…　②法…　Ⅲ．①科学技术—技术革新—研究—山西
Ⅳ．①G322.725

中国国家版本馆 CIP 数据核字（2023）第 188521 号

组稿编辑：申桂萍
责任编辑：申桂萍
助理编辑：张　艺
责任印制：张莉琼
责任校对：蔡晓臻

出版发行：经济管理出版社
　　　　　（北京市海淀区北蜂窝 8 号中雅大厦 A 座 11 层　100038）
网　　址：www.E-mp.com.cn
电　　话：（010）51915602
印　　刷：北京市海淀区唐家岭福利印刷厂
经　　销：新华书店
开　　本：720mm×1000mm/16
印　　张：13
字　　数：226 千字
版　　次：2023 年 11 月第 1 版　　2023 年 11 月第 1 次印刷
书　　号：ISBN 978-7-5096-9318-6
定　　价：78.00 元

前　言

当今时代，科技是国家强盛之基础，创新是民族进步之魂魄。创新与科技、社会、经济紧密相关，创新推动科学技术的发展、社会的进步、经济的飞速向前。随着国际竞争日趋激烈，创新已成为衡量一个国家和地区综合实力的重要指标，任何国家或区域要想在国际竞争中占据有利的地位，创新都是其提升竞争力的关键因素。目前，中国经济正处于高速增长向高质量发展的转型阶段，增强创新能力是实现中国经济转型的关键。在当前日益复杂的国际关系和竞争激烈的经济背景下，区域创新尤为重要，很多地区都已经形成了以创新为驱动力量的创新生态系统。良好的创新生态系统能够促进创新链、金融链、产业链加速融合，通过创新要素、产业要素与资本要素的有机结合，创新平台迅速崛起，进而孕育出一大批创新型企业。因此，构建能够提升区域经济发展水平的创新生态系统有利于提升区域竞争优势。山西省作为中部六省之一，其经济增长速度与中部地区其他省份相比差距明显。现阶段山西省处于经济转型时期，必须坚定实施创新驱动发展战略，将打造一流创新生态系统作为山西省的发展重点。

本书的研究成果为完善山西省创新政策体系提供了理论支撑，对加快山西省经济转型、打造山西省一流创新生态系统、提升山西省综合竞争力，以及山西省经济可持续发展具有重要的启示和促进作用。

近年来，笔者先后承担了山西省教育厅项目"山西省高新技术产业创新生态系统适宜度评价研究"（项目编号：2021W078）、山西省教育厅高校人文社会科学重点研究基地项目（项目编号：20200126）、山西省回国留学人员科研资助项目"山西省装备制造业创新生态系统健康性评价研究"（项目编号：2020-119）、山西省教育厅课题"创新生态背景下山西省高校学科专业与产业结构优化升级协调性分析"（项目编号：2020YJJG197）、山西省科技战略研究专项课题"科技创新团队持续培育机制政策研究"（项目编号：202204031401023）项目，对山西省创新生态系统的主体及环境因素进行了有益的探索，本书即为以上项目的部分研究成果。

本书在撰写过程中，团队成员经过多次研讨形成本书框架，李彦华教授负责全书章节和内容的统筹安排，撰稿工作的具体分工为：李彦华负责第三章、第五章、第六章、第七章、第八章；法如负责第一章、第二章、第四章、第九章。最后由李彦华教授进行统稿审阅。此外，中北大学经济与管理学院研究生刘婧、焦德坤、张慧萍在本书撰写过程中进行了数据收集、处理及结果分析等辅助性工作。

本书在撰写过程中得到了山西省教育厅、山西省科技厅、中北大学创新创业研究中心等单位领导的大力支持和帮助，在此表示衷心的感谢！同时，感谢经济管理出版社给予的帮助。此外，本书参考了近年来国内外创新生态领域的研究成果，在此谨向相关专家和学者表示感谢！由于笔者水平有限，书中难免存在一些疏漏和不足之处，敬请各位专家和读者批评指正。

李彦华

2022 年 2 月

目　录

第一章 绪论

第一节 研究背景与研究意义

一、研究背景

随着科学技术的快速发展，市场竞争越来越激烈，创新是提升一个国家或区域整体水平的关键要素，是一个国家核心竞争力的体现。自 1912 年熊彼特首次提出创新理念之后，创新被不同学科、不同领域和不同研究视角的学者赋予了不同的内涵，其研究范式经过了四个阶段的演进：技术推动的线性范式、需求拉动的线性范式、技术与市场的耦合范式、技术创新的系统集成与网络化范式。[①] 创新生态系统在《科学与国家利益》中首次被提及，报告中明确提出："今天的科学和技术事业更像一个生态系统，而不是一条生产线。"[②] 由此，美国政府逐步开始创新生态系统的构建。进入 21 世纪后，创新生态系统的概念被广泛使用。美国总统科技顾问委员会（PCAST）在 2004 年发表的《维护国家的创新生态系

---

① Ander R, Kapoor R. Value Creation in Innovation Ecosystem: How the Structure of Technological Interdependence Affects Firm Performance in New Technology Generations [J]. Strategic Management Journal, 2009, 31 (3): 306-333.

② 威廉·克林顿, 小阿伯特·戈尔. 科学与国家利益 [M]. 曾国屏, 王蒲生, 译. 北京: 科学技术文献出版社, 1999.

统》的报告中指出，美国的经济繁荣和在全球经济中的领导地位得益于一个精心编制的创新生态系统，这一生态系统的本质是追求卓越，主要由科技人才、富有成效的研发中心、风险资本产业、政治经济社会环境、基础研究项目等构成。该报告正式提出了"创新生态系统"的概念，即创新生态系统是创新要素集聚和聚合反应、创新价值链和网络形成并拓展的开放系统，这一概念突出了创新系统的动态演化，强调了创新系统创新要素的聚集。① 2013 年，美国出台《崛起的挑战：美国应对全球经济的创新政策》和《国家与区域创新系统的最佳实践：在21 世纪的竞争》，强调创新政策的制定应着力于打造充满活力的创新生态系统。2015 年，美国发布《美国创新战略》，强调培植独特的创新生态系统重点在于建设服务型政府、培育极具冒险精神的企业家、加大创新基础要素投入等。② 欧盟于 2006 年提出了"里斯本战略"，致力于构建欧洲创新生态系统，这个所谓的"欧洲创新生态系统"就是一个以科研机构为纽带，政府、企业及科研机构为主体的开放式的创新社会。日本于 2011 年部署了改良版的"科技政策学"项目，提出要实施重大的政策转向，从技术政策转向基于生态概念的创新政策，强调将创新生态作为日本维持今后持续创新能力的根基所在。③ 这表明，美欧日等世界主要发达国家和地区已大力推动创新生态体系的建设。

当前，我国经济发展已经由过去的"要素驱动""投资驱动"发展到"创新驱动"，创新驱动已成为促进经济高质量发展的根本动力。习近平总书记在党的十九大报告中强调，创新是引领发展的第一动力，是建设现代化经济体系的战略支撑。按照党中央的决策部署，把加快建设创新型国家作为现代化建设全局的战略举措，坚定实施创新驱动发展战略，强化创新是第一动力的地位和作用，突出以科技创新引领全面创新，对我国经济发展具有重大而深远的意义。

我国制定了"到 2035 年跻身创新型国家前列，到新中国成立 100 年时成为世界科技强国"的战略目标。要建立创新型国家，最根本的是要形成综合性的创新能力，而衡量综合性创新能力的主要标准为是否具备有效的创新生态系统。从

---

① 安纳利·萨克森宁. 地区优势：硅谷和 128 号公路的文化和竞争 [M]. 上海：上海远东出版社，2000.

② 费艳颖，凌莉. 美国国家创新生态系统构建特征及对我国的启示 [J]. 科学管理研究，2019，37（2）：161-165.

③ 赵中建，王志强. 欧洲国家创新政策热点问题研究 [M]. 上海：华东师范大学出版社，2012.

2010 年开始，我国中央及地方政府开始关注创新生态系统这一重要议题。2011
年底，科技部办公厅调研室和中国科技发展战略研究院共同举办的"创新圆桌会
议"，邀请业界专家学者、部分政府官员和企业家对创新体系的内涵、结构、特
征、功能以及有关政策启示进行了专题讨论。①

　　建立创新型国家，首先要着力构建区域性创新系统，提升区域创新能力。区
域创新系统（Regional Innovation System/ Regional System of Innovation，RIS）的概
念由英国学者库克在 1992 年于《区域创新系统：在全球化世界中的治理作用》
一书中首次提出。库克认为，区域创新系统是由在地理上相互分工与关联的生产
企业、高等院校和科研机构等区域性组织体系组成，且是由中介机构广泛介入和
政府适当参与的一个创造、储备和转让知识、技能及新产品相互作用产生的创新
网络系统。② 2006 年国务院发布的《国家中长期科学和技术发展规划纲要
（2006~2020 年）》（以下简称《纲要》）指出，我国将建设各具特色和优势的
区域创新体系。该《纲要》指出，我国将充分结合区域经济和社会发展的特色
与优势，统筹规划区域创新体系和创新能力建设。深化地方科技体制改革。促进
中央与地方科技力量的有机结合。发挥高等院校、科研院所和国家高新技术产业
开发区在区域创新体系中的重要作用，增强科技创新对区域经济社会发展的支撑
力度。加强中部、西部区域科技发展能力建设。切实加强县（市）等基层科技
体系建设。

　　目前，促进区域间协调发展，逐步地缩小区域间发展差距是我国现代化建设
进程中的一项艰巨任务。在我国区域经济格局中，中部地区的发展是我国区域经
济协调发展战略的重要组成部分。2004 年，我国首次提出中部地区崛起战略，
而中部地区崛起战略主要是指促进中部经济区，即河南、湖北、湖南、江西、安
徽和山西六省共同崛起的一项政策。2016 年国务院讨论并原则通过的《促进中
部地区崛起规划》中明确提出，中部地区崛起是全面建设小康社会的重要支撑，
对我国经济、政治和社会的发展起到了重要作用。近几年，在我国区域竞争中，
区域间创新能力的差异越来越明显。提高创新能力是提升区域竞争力的核心要

---

　　① 王缉慈，等. 创新生态系统——创新圆桌会议 2011 年第四次会议发言摘要［N］. 科技日报，
2012-01-15.

　　② 西蒙·库兹涅茨. 现代经济增长［M］. 常勋，译. 北京：北京经济学院出版社，1989.

素，而提高区域创新能力的关键在于构建和完善区域创新生态系统，加强基础研究，加大科技研发投入，促进科技成果转化，提升产业链水平。山西省是全国的煤炭资源大省，中华人民共和国成立70多年来，为国家经济建设作出了巨大贡献，但对煤炭的过度依赖一度让山西经济疲软乏力。作为资源型地区，要想推进经济发展方式转变、实现高质量发展，其主要任务和根本路径就是要努力破解资源型经济转型发展难题。2010年，山西被正式批复设立"国家资源型经济转型综合配套改革试验区"，这是全国唯一的全省域国家级综合配套改革试验区。山西将努力以改革促转型、以创新强转型，推动资源高效综合利用，摆脱对资源的过度依赖。总而言之，山西转型发展必须坚持创新驱动，而实施创新驱动必须构建创新生态系统。

自2014年以来，山西省委、省政府陆续出台了一系列关于创新驱动的重要文件，并通过启动实施"111"工程、"1331"工程、"136"工程等政策举措，加快孵化科技创新型小微企业，精准扶持一批"专精特新"企业，努力培育独角兽企业和科技领军型企业，加强创新要素保障供给和配套支撑。截至2019年，山西省累计认定的高新技术企业有2494家，其中山西转型综改示范区和长治高新区的高新技术企业数占全省高新技术企业总数的38.5%。电子信息领域的高新技术企业最多，有915家，约占所有高新技术企业的36.7%；先进制造与自动化领域的企业有429家，约占17.2%；新材料领域的企业有275家，约占11%。这三个领域的高新技术企业占所有高新技术企业的65%，数量上绝对领先。山西省共有登记注册的科技型中小企业4595家，其中有1897家被认定为高新技术企业。2019年，山西省共有众创空间343个，众创空间使用面积约为141.16万平方米，累计总收入为5.068亿元。同时，山西省共有孵化器79家，科技孵化器类企业总数共计2882家，其中在孵企业2548家。

2019年12月，时任山西省委书记楼阳生在其主持召开的创新生态专家座谈会上指出，山西打造创新生态，不仅要建设，而且要激活。一要培育创新文化，在全社会树立正确的资源观，鲜明确立人才资源是第一资源的观念，营造尊重知识、尊重人才、尊重创新、尊重创造的浓厚氛围，健全鼓励创新、宽容失败、合理容错机制，这样创新生态才有灵魂。二要打造创新体系，加强基础研究，加大科技研发投入，充分发挥各类研发机构作用，推动规模以上企业研发活动全覆盖，构建产学研深度融合的技术创新体系，促进科技成果转化，提升产业链水平。加快太原都市区建设，充分发挥城市对创新要素的集聚和辐射带动作用，以要素聚合催生创新裂变。三要完善创新制度，深化科技、人才、教育体制机制改革，加强金融支持和要素保障，从制度层面为创新驱动提供保障。四要集聚创新人才，以良好的平台、政策和体制机制招贤纳才，既着眼自身用好自有人才，又通过事业凝聚各方人才，既重视当下人才作用发挥，又关注未来人才培养。通过"三个调整优化"推动高校高质量发展，建设高水平大学。五要明确创新抓手，围绕若干战略性新兴产业集群布局创新链，打造创新生态子系统，形成小气候，提高产业竞争力。要成立由专家学者、企业家、政府部门负责人组成的课题组，把山西打造创新生态作为重大课题深入研究，提出系统建设方案。①

山西省创新生态系统是中部地区乃至国家创新生态系统的有机组成部分。在当前形势下，山西必须坚定实施创新驱动发展战略，将打造一流创新生态作为基础性、全局性、战略性任务强力推进。本书对山西省创新生态系统进行系统研究，以期为完善区域创新理论、提高山西省区域竞争能力、促进山西经济转型和可持续发展提供参考借鉴。

二、研究意义

随着世界经济的全球化发展，国家和区域间的竞争越来越激烈，一个国家或区域要想在国际竞争中占据有利的地位，不能拘泥于现有的资源，因此创新成为提升国家或区域竞争力的关键因素。近年来，关于创新生态系统的议题一直被学术界广泛关注，许多学者对于创新生态系统的研究也一直处于持续升温状态。构建创新生态系统受到各个国家和地区的高度重视。美国、欧盟和日本等国家和地区均已经认识到构建自己的创新生态系统的重要性，创新生态系统正在这些国家和地区的各个层面上快速发展。当前，中国经济已由过去的高速增长阶段转向高质量发展阶段，我国已将创新列为"五大发展理念"之首，而构建创新生态系统则是我国经济转向高质量发展的战略支撑。目前，我国沿海发达省份如广东、上

---

① 把打造创新生态作为战略之举 为高质量转型发展提供强大支撑［EB/OL］.（2019－12－17）［2021－10－01］. http：//cpc. people. com. cn/n1/2019/1217/c64102-31509911. html.

海、深圳、宁波、苏州等的创新生态系统的建设在全国处于领先地位，在促进科技创新与产业相衔接、加速产业转型升级、构建创新空间等方面均取得了显著成效。

山西近些年的经济增长水平在全国处于相对落后的状态，与中部地区其他省份相比差距明显。山西省的传统产业占比过大，重工业占比超过八成，而传统产业受资源枯竭影响较大。随着资源环境的日趋紧张，经济转型成为了山西经济发展的重要任务。现阶段山西处于经济转型的关键阶段，要全力打造一流创新生态系统，重点培育发展创新产业体系，促进科技创新与产业相衔接，同时要对传统产业进行改造和提升，大力培育和发展科技型中小企业和高新技术产业，进一步发挥企业在创新中的主体地位，推动企业科技成果转化，促进产业转型升级。因此，创新生态系统事关科技创新根本，产业转型升级以及山西未来经济的稳固、健康和可持续发展。

通过查阅关于创新生态系统方面的相关文献，笔者发现大多数研究聚焦于构建国家层面或企业层面的创新生态系统，对于构建地区层面的创新生态系统的研究较为零散，而关于构建山西省创新生态系统的研究则更少。本书运用定性与定量分析相结合的方法，以山西省为例，对山西省创新生态系统的适宜度进行研究，在一定程度上弥补了这方面研究的不足。

本书在理论研究方面吸收和借鉴了已有的研究，梳理了创新生态系统、生态位等不同的概念，对创新理论、生态系统理论、区域创新理论以及协同理论的基本内涵、主要类型、主要特征、构成要素等进行了阐述，基于多主体的产学研协同创新角度分析创新模式，构建了区域创新生态系统生态位适宜度评价指标体系，进而运用生态位模型对山西省创新生态系统适宜度进行了评价，不仅为开展相关的实证研究提供了理论基础，也为创新理论的发展作出了相应的贡献。

在实践方面，本书从创新主体、服务要素、创新环境三个方面对山西省创新生态系统的现状进行了分析，并且运用生态位模型对山西区域创新生态系统适宜度进行了实证研究，通过与其他省份进行横向比较，并对山西创新生态系统的效率进行评价，找出了山西省的优势与不足，明确了山西省应进一步改善的创新领域，为山西省创新政策的制定与完善提供了科学的理论依据。最终有针对性地对山西创新生态系统的优化提出建议，并通过打造山西创新生态系统新的运行模式，以期为山西省经济转型发展提供参考价值。

第二节 研究思路与研究方法

一、研究思路

本书采用定性和定量分析相结合的方法，以山西省为例，对山西省的创新生态系统适宜度进行了评价。一是通过查阅大量的文献，对现有的研究成果进行了全面的综述，对创新生态系统、生态位等不同的概念进行了梳理，并对创新理论、生态系统理论、区域创新理论以及协同理论的基本内涵、原理、主要类型、主要特征、构成要素等进行了阐述。二是基于多主体的产学研协同创新角度分析了创新模式，并从创新主体、服务要素、创新环境等方面对山西省创新生态系统的现状进行了分析。三是对山西省创新生态系统适宜度及创新生态系统效率进行了实证分析，得出我国各省份生态系统的适宜度、进化动量以及创新生态效率，进而得出各省份在创新物种、创新资源和创新环境等方面的优劣情况，从而找出山西省的优势与不足，明确山西省应该进一步改善的创新领域，为山西的创新政策提供科学的理论依据。四是对山西省创新生态系统运行提出优化建议，并打造山西创新生态系统新的运行模式，为山西省经济转型发展提供参考价值。

二、研究方法

本书采用定性和定量相结合的方法，综合运用管理学、统计学、计量经济学等多个领域的知识，遵循科学性、现实性、系统性、可比性等原则，在研究工作中力求理论分析与实践分析相结合。具体来说，本书所采用的研究方法主要包括以下三种：

1. 文献分析法

本书充分利用各种数据库、图书馆资源等，通过大量文献检索和广泛查阅国内外文献资料，对创新理论、生态系统理论、区域创新理论以及协同理论的相关研究文献进行全面的整理、分析、归纳和总结。

2. 统计分析法

本书运用统计分析法，对山西省创新生态系统的现状进行分析。以统计年鉴数据为依据，对获取的数据及资料进行数理统计和分析。

3. 实证分析法

本书以山西省为例，对山西省创新生态现状进行了描述，并运用生态位模型对山西省生态系统适宜度进行了评价，通过模型构建和数据分析的方法计算生态系统的适宜度，得出适宜度和进化动量，进而得出各省份在创新生态位、创新资源等方面的优劣情况。同时运用 DEA 及 Malquist 指数模型对创新生态系统的效率进行评价，通过横向与纵向对比，找出了山西省的优势与不足，明确了山西省应进一步改善的创新领域，为山西省创新政策的制定与完善提供了科学的理论依据。

第三节　框架结构与创新之处

一、框架结构

本书的框架结构主要分为以下九个部分：

第一章，绪论。主要介绍了创新生态系统提出的背景，阐述了本书研究的理论意义和实践意义，概述了本书的研究思路、研究方法及创新之处。

第二章，相关理论基础。对创新生态系统、生态位等不同的概念进行了梳理，并对创新理论、生态系统理论、区域创新理论以及协同理论的基本内涵、原理、主要类型、主要特征、构成要素等进行了阐述。

第三章，文献综述。充分利用各种数据库、图书馆资源等，通过大量文献检索和广泛查阅国内外文献资料，对创新生态系统的国内外研究现状进行了全面的整理、分析、归纳和总结。

第四章，创新模式与适应性分析。基于多主体的产学研协同创新模式，从政府型的合作创新模式、企业型的合作创新模式、高校和科研院所型的合作创新模式三个方面进行了梳理，并对创新生态系统的创新模式的相关理论进行了阐述。

第五章，山西省创新生态系统现状分析。以统计年鉴数据为依据，对获取的数据及资料进行了数理统计和分析。从创新主体、服务要素、创新环境等方面对山西省创新生态系统的现状进行了分析。

第六章，山西省创新生态系统适宜度实证分析与评价。对山西省创新生态系统的适宜度进行实证分析，遵循科学性、可比性、简明性、系统性原则，尝试从创新生态物种、生态基本资源、创新生态环境、系统对外开放度等方面设计区域创新生态系统的适宜度评价指标体系。通过模型构建和数据分析的方法得出我国各省份生态系统的适宜度和进化动量，进而得出各省份在创新生态位、创新资源等方面的优劣情况，从而找出山西省的优势与不足，明确山西省应该进一步改善的创新领域，为山西的创新政策提供科学的理论依据。

第七章，山西省创新生态系统的效率评价。运用 DEA 方法对山西省创新生态系统的子系统进行了实证分析。通过横向、纵向对比山西创新生态系统的发展状况，对山西创新生态系统的发展有了较为全面和客观的认识。

第八章，山西省创新生态系统存在的问题。根据山西省创新生态系统现状、创新生态系统适宜度及效率评价，分析山西省创新生态系统存在的问题。

第九章，打造山西一流创新生态系统。协调融合多元创新主体，优化山西省创新生态环境，促进山西创新生态新旧动能转换，最终构建山西创新生态系统可持续发展机制。

二、创新之处

本书以创新生态系统相关理论为基础，运用 CiteSpace 对创新生态系统的相关文献进行梳理，结合山西省创新生态系统发展现状，构建了区域创新生态系统生态位适宜度评价指标体系，通过横向对比和纵向分析，找出了山西省创新生态系统的优势与不足，从而提出了优化山西省创新生态系统的对策和建议，为促进山西省经济高质量发展和产业结构转型提供了有益参考和借鉴。为此，本书的创新之处主要体现在以下三个方面：

（1）完善了区域创新生态系统理论。关于创新生态系统的研究一直深受国内外学者的重视，相较于国外而言，我国相关理论研究起步较晚，目前我国沿海发达省份创新生态系统的建设在全国来说处于领先地位，但由于区域创新生态系统具有一定的地域性特征，因此国外的相关理论研究以及我国其他发达省份的研究成果并不一定完全适合于山西省创新生态系统的建设。因此，本书系统地对创新生态系统、区域创新生态系统理论进行了完整的阐述，构建了区域创新生态系统生态位适宜度指标评价体系，完善了区域创新生态系统适宜度理论研究框架。

（2）运用文献计量法对创新生态系统的相关文献进行梳理。本书采用文献计量法，运用 CiteSpace 软件进行文献梳理，绘制出关于创新生态系统领域的相关知识图谱，并对其关键词、发文时间、发文量、发文国别、研究热点等方面进行总结、归纳和分析，从总体上把握该领域的研究历程、热点领域、研究前沿，从而进一步确定未来的研究趋势，为该研究领域提供借鉴。

（3）对山西省创新生态系统现状进行了系统的分析。从创新主体、服务要素、创新环境等方面对山西省创新生态系统现状进行了全面的分析。通过横向对比和纵向分析两个维度对山西省创新生态系统进行了综合评价，并运用 DEA 方法对创新生态系统的效率进行评价，找出了山西省创新生态系统运行过程中存在的不足，为山西省打造一流创新生态系统提供了借鉴。

第二章　相关理论基础

第一节　相关概念界定

一、创新生态系统

1. 创新生态系统相关概念梳理

创新生态系统是创新理论的高阶演化，创新生态系统的概念最早是由美国总统科技顾问委员会于 2004 年提出的，其在《维护国家的创新生态系统》报告中指出，美国的经济繁荣和在全球经济中的领导地位得益于其创新生态系统，并进一步对其构成要素进行了概括，指出这一系统由发明家、技术人才和创业者、积极进取的劳动力、世界水平的研究型大学、富有成效的研发中心（包括产业资助的和联邦资助的）、充满活力的风险资本产业、社会政治经济环境以及基础研发项目构成。① 此后，构建创新生态系统被世界各个国家和地区所重视，而关于创新生态系统的研究成为国内外学者研究的热点之一（见表 2-1）。

---

① 曾国屏，苟尤钊，刘磊．从"创新系统"到"创新生态系统"［J］．科学学研究，2013（1）：8-12.

表 2-1　创新生态系统相关概念梳理

时间	研究者	主要观点
2004 年	Iansiti 和 Levin[①]（2004）	从生态位的概念论述创新生态系统，认为创新生态系统是由拥有不同生态位但又彼此相关的企业所组成的松散网络，若其中某个生态位发生变化，其他生态位会相应发生变化
2006 年	Adner Kapoor[②]（2006）	创新生态系统是由核心企业、供需两端的参与者构成，这些主体创新过程中形成相互联系的网络，共同创造新的价值
2007 年	栾永玉[③]（2007）	通过对跨国高科技企业合作模式的分析，认为互补的模块化技术是企业合作的基础，高科技企业创新生态系统是以技术模块为中心进行合作的新型创新模式
2008 年	陈斯琴和顾力刚（2008）	创新生态系统通常发生在一定的空间和时间范围内，在创新复合组织和环境下，企业通过创新物质、能量和信息的相互作用、相互依存形成完整的系统
2009 年	Wang[④]（2009）	创新生态系统是不同群落相互作用共同参与的，以促进技术发展和创新为功能目标的，反映行为主体或实体之间复杂关系的动态经济系统
2010 年	Ginsberg 等[⑤]（2010）	系统组织具有松散性，但彼此之间相互影响、互相促进。创新生态系统由基础研究驱动的知识经济和由市场驱动的商业经济组成
2013 年	曾国屏等[⑥]（2013）	创新生态系统是创新要素集聚并聚合反应、创新价值链和网络形成并拓展的开放系统，是创新物种、群落、创新链的复杂系统，是系统中科技创新序参量主导的演化系统
2014 年	李万等[⑦]（2014）	创新生态系统是创新群落与创新环境之间通过一定空间内相互联结和传导的物质流、能量流形成的共生竞合、动态演化、复杂开放的系统

---

① Iansiti M，Levien R. Strategy as Ecology [J]．Harvard Business Review，2004，82（3）：68-81.

② Adner Kapoor R. Value Creation in Innovation Ecosystem：How the Structure of Technological Interdependence Affects Finn Performance in New Technology Generations [J]．Strategic Management Journal，2006，31（3）：306-333.

③ 栾永玉．高科技企业跨国创新生态系统：结构、形成、特征 [J]．财经理论与实践，2007（5）：113-116.

④ Wang P. An Integrative Framework for Understanding the Innovation Ecosystem [C] Conference on Advancing the Study of Innovation & Globalisation in Organizations，2009.

⑤ Ginsberg A，Horwitch M，Mahapatra S，et al. Ecosystem Strategies for Complex Technological Innovation：The Case of Smart Grid Development [C]．Technology Management for Global Economic Growth，2010.

⑥ 曾国屏，苟尤钊，刘磊．从"创新系统"到"创新生态系统"[J]．科学学研究，2013（1）：8-12.

⑦ 李万，常静，王敏杰，等．创新 3.0 与创新生态系统 [J]．科学学研究，2014（12）：1761-1770.

续表

时间	研究者	主要观点
2016 年	陈建等[①]（2016）	创新生态系统是以一个或多个核心企业或平台为中心，由生产者、消费者等多样主体和外部环境构成的创新网络，其主要特征是主体之间互相依存、共同演化、共创价值、共享利益
2018 年	张贵等[②]（2018）	创新生态系统是以客户为导向，核心企业依托自身拥有的创新资源（包括资金、技术、知识等），借助新一代信息技术构建资源共享平台，扩大企业资源边界，在不断增强企业竞争优势过程中所形成的可以协同共生、共同进化的复杂系统，具有开放共享、平台运作、创新、可持续发展以及不断反哺的特征

目前，关于创新生态系统的概念，由于研究视角和分析问题的角度不同，得出的结论也会有所不一，但其本质都是追求卓越。总的来说，目前还没有一个明确统一的概念被学术界普遍认可，但对于创新生态系统内涵的认识经历了从无到有，从简单到复杂的过程，人们开始系统地理解创新生态系统。

2. 创新生态系统的特征

创新生态系统与自然界的生态系统相似，但是不同类型的创新生态系统具有不同的特点。然而，从总体上看，创新生态系统具有整体性、多样性、开放性、自组织动态演化性等一系列的共同特征。

（1）整体性。创新生态系统是由系统内各要素有机组合起来的，其内部各要素相互合作并相互影响从而达到一定的平衡，任何一个要素发生变化都会对整体产生影响，并且该系统的整体功能要大于内部各要素功能的总和。因此，创新生态系统是一个具有一定弹性的有机整体。

（2）多样性。创新生态系统的多样性主要是指系统内各主体、活动、产业具有多样性。创新生态系统的主体不仅有企业、大学、研究机构等核心主体，还有政府、创新平台、金融机构；不但有具有影响力和控制力的大企业，还有充满活力的中小微企业。在创新主体内，各创新主体间不但有激烈的竞争，还会有分工与合作。当面对复杂的生存环境时，各主体要通过合作、构建互惠互利的共同

---

① 陈建，柳卸林，马雪梅，高太山．创新生态系统概念理论基础与治理［J］．科技进步与对策，2016，33（17）：154-155.

② 张贵，温科，宋新平．创新生态系统：理论与实践［M］．北京：经济管理出版社，2018.

体来实现共同目标。只有在竞争和共生的环境下，各创新主体才会实现技术、资源、能力的互补，并创造出单个主体无法产出的价值，进而整个创新生态系统才能协同并可持续发展。

（3）开放性。当今世界处于信息化与全球化的时代，创新生态系统在各个国家和地区都不是孤立的、封闭的，而是与外界保持紧密联系的。如果创新生态系统处于封闭状态，那么必将导致内部创新系统丧失活力。而处于开放状态时，创新生态系统不断从外部引入新物种和新要素，在创新生态系统内部，各物种之间不断地交流、竞争和合作，使创新生态系统得以不断地发展。

（4）自组织动态演化性。自然界中的任何一个生态系统都是不断演化的，而创新生态系统也具有动态演化性。创新生态系统各要素之间相互竞争、制约、合作和推动，当外部环境发生变化时，创新生态系统能够迅速做出反应，从而使内部各要素共生共荣、协同演化。同时，创新生态系统具有一定的自组织性。由于创新生态系统内部各要素之间存在差异性，会导致系统出现非平衡状态，并且混乱无序，系统通过不断与外界环境进行物质、能量和信息的交换，使系统可以迅速地适应环境，同时其通过反馈机制来迅速地进行自我调节，使系统从无序到有序，以不受外来干预，保持稳定和平衡。

3. 创新生态系统构成要素

创新生态系统构成要素包括创新主体、创新环境两大部分。创新主体是指创新系统内具有创新能力并从事创新活动的人或组织。创新主体包括以企业、高校和科研机构为代表的主体性要素和以政府、创新平台、金融机构为代表的服务性要素。创新环境包括以自然环境、基础设施、区位环境为代表的硬环境和以经济环境、技术创新环境、产业环境、资本要素环境、人才环境、创新政策、创新文化为代表的软环境（见图2-1）。

（1）主体性要素。主体性要素主要包括企业、高校和科研院所，主要是指在创新生态系统中参与创新活动的主体，是创新生态系统中最核心的创新要素。企业、高校和科研机构三者之间相互作用，对创新生态系统的形成及正常运行起到重要的作用。其中，企业是技术创新的实施者，一个地区的龙头企业对区域创新活动起到带头作用。高校是创新知识的传播者，高校主要是从事人才培养和科学研究工作，在创新生态系统中起到创造知识、加工知识以及传播知识的作用。

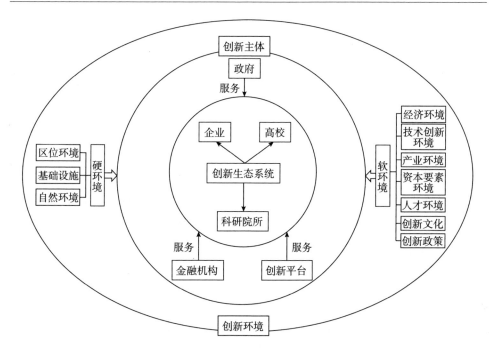

图 2-1　创新生态系统构成要素

科研机构主要从事基础研究和科学技术的研发工作，在创新生态系统中是重要的实践者。

（2）服务性要素。服务性要素主要包括政府、创新平台以及金融机构。政府是创新生态系统的主要推动者，政府通过出台相关科技创新政策为企业创造良好的环境。政府为企业注入资金，支持企业研发创新，降低企业创新成本以及风险，有利于企业创新活动的开展。创新平台是开展创新活动的辅助者，能为创新主体提供社会化、专业化的技术咨询服务，是技术提供方和应用方的连接纽带，在促进创新要素流动、推动创新合作和区域创新网络的构建等方面发挥着重要的黏合作用。金融机构为创新主体提供资金支持，资金是企业运行的血液，资金"瓶颈"严重阻碍着创新活动的开展，就像自然界中的生物体离不开适宜的温度、湿度等气候环境一样，创新主体开展创新活动也离不开金融机构的支持。

（3）硬环境。创新环境为创新主体开展创新活动提供了所需的各种资源，是创新生态系统形成的基础支撑。硬环境主要是指为技术创新主体提供服务的自然环境、基础设施以及所拥有的区位环境等，硬环境的变化是有一定的限度的。

自然环境为企业技术创新提供土地资源、海洋资源、林业资源和矿产资源等物质基础。由于自然环境为企业技术创新提供的资源是有限的。社会对企业技术创新的需要与企业技术创新的资源之间永远处于一种矛盾和对立状态。因此，正确的技术创新战略规划有助于企业用有限的创新资源获取更多的创新成果。

基础设施环境是企业与外界进行一切信息、资金、技术等交换的生产经营活动所必需的物质基础和物质条件，基础设施一般包括交通、邮电、互联网等。完善的基础设施环境对创新生态系统的发展起到推动作用。

区位环境是自然界的各种地理要素与人类社会经济活动之间的相互联系和相互作用在空间位置上的反映，是自然地理区位、经济地理区位和交通地理区位在空间地域上有机结合的具体表现。地理区位包含地球上某一事物与其周围陆地、山川、河湖、海洋等自然环境的空间位置关系，以及该位置上的地质、地貌、植被、气候等自然条件的组合特征。经济地理区位是指地球上某一事物在人类社会经济活动过程中创造的人地关系。交通地理区位主要是指某城市或市内某地段与交通线路和设施的关系。

（4）软环境。软环境是相对硬环境而言的一个概念，它是指物质条件以外的诸如政策、经济、文化等外部因素和条件的总和。

政策环境是由国家和地区出台的关于经济、技术、创新等方面的法律法规、制度以及政策所组成的制度体系。政策环境在一定程度上影响着创新活动的效果，良好的政策环境是保证区域创新生态系统运行的基础。

经济是制约创新主体生存和发展的重要因素，涉及所处国家的经济体制、社会发展、生态系统、市场结构等方方面面。经济环境涵盖了经济体制及运行、产业结构、消费者水平及结构、货币稳定性、国际收支状况和外贸政策等。良好的经济环境有助于推进社会经济全面健康持续发展。

文化可以主导人们的思维和行动方式，是人们在创造价值、促进生产力发展的过程中形成的思想观念和价值体系，是一种潜移默化的氛围和精神力量，创造良好的文化环境可以对创新主体起到一定的间接性作用。

技术创新是创新主体的核心竞争力，对其成长起到了至关重要的作用，有利于创新主体在市场竞争中获得一定的优势。良好的技术创新环境能够为创新主体提供技术支持和帮助,有利于创新主体创造出新产品、新技术、新专利等。

产业环境是创新的基本条件和载体,是创新主体发展创新的动力,产业内的企业以市场为导向,根据市场需求进行研究开发,因此良好的产业环境可以在一定程度上激励创新主体进行创新。

资本是创新主体开展创新活动的基本要素,也是产业创新的基础条件。创新型企业具有高投入性、高风险性的特点,前期研发产品时需要巨大的投入,需要依靠现代化的生产设备和生产手段进行生产,其资本的投入与一般企业相比要大得多。因此,营造良好的资本环境有助于改善企业发展环境,推进社会经济平稳运行。

当前国际竞争日益激烈,人才资源已成为国际竞争的焦点,在综合国力竞争中越来越具有决定性意义。人才是技术创新的支持性因素,是企业拥有的最为宝贵的财富,谁拥有高素质的创新型人才,谁就有可能在技术创新上取得突破。而良好的人才环境则有助于造就人才、吸纳人才、充分发挥人才的作用。因此,营造一个最优化的人才环境有助于提高创新主体的科技创新水平。

(5)创新主体与创新环境的关系。创新生态系统主要包括创新主体和创新环境两个方面,创新主体和创新环境之间相互联系并对创新活动产生影响,良好健康的创新环境有利于提高创新效率。创新生态系统中创新主体与创新环境之间的物质、信息和能量交流可以引发创新要素的有机组合和自由流动,从而实现制度创新、管理创新、服务创新和技术创新。

二、生态位

1. 生态位理论的基本内涵

生态位理论源于生态学,是生态学理论中的基础理论。它是一个动态模糊性的理论,是衡量处于地球上的一个物种相对于其他物种的在空间层面上的相对位置。[①] 关于生态位理论基本内涵的研究见表2-2。

---

① R J Putman. Community Ecology [M]. London:Chapman and Hall, 1993.

表 2-2　生态位理论

研究者	主要观点	主要内容
Charles Elton① (1927)	功能生态位	强调生物有机体在群落中的功能作用，认为一种动物的生态位表明在生物环境中的地位及其与事物和天敌的关系，并将生态位定义为物种在生物群落中的地位和角色
Gaulse② (1934)	竞争生态位	由于物种间的生存竞争，两个相似物种的生态位可能相互排斥，因此提出"竞争生态位"
Hutchinson③ (1957)	N 维超体积生态位	将生态位看成一个生物单位（个体、种群、物种）生存条件的集合，将其拓展为既包括生物的空间位置及其在生物群落中的功能地位，又包括生物在环境空间的位置。该理论通过对生态环境各因子进行指标量化，可以将抽象的理论与现实相结合，从而为理论的应用提供了可能
Grinnel④ (1965)	空间生态位	在研究加利福尼亚长尾鸣禽的生态关系时首次提出生态位的概念，将"生态位"定义为生物在栖息地所占据的单元。人们称之为"空间生态位"
Leibold⑤ (1995)	生态位适宜度	在"N 维超体积生态位"的基础上，提出了"生态位适宜度"的概念。生物在生存和繁殖过程中会受到天敌、体型、营养、气候、时间和空间等多维环境因素的制约。如果将每个可测量的环境因子模拟为多维空间的坐标，那么某一生物体对其温度、湿度、气候的选择就是表征生态位适宜程度的变化规律
朱春全⑥ (1997)	生态位态势理论和扩充假说	从个体到生物圈，无论是自然还是社会中的生物单元都具有态和势两方面的属性，由生物单元无限增长的潜力所引起的态和势的增加称为生态位的扩充，生态位的扩充是生物圈演变的动力，是生命发展的本能属性
曾德明等⑦ (2015)	技术生态位	主要反映创新生态系统中创新主体拥有技术资源的状态

　　① Charles Eltion C. Animal Ecology ［M］. London：Sedgwick and Jackon，1927.
　　② Gaulse G F. The Struggle for Existence ［M］. Baltimore：Williams and Wilkins，1934.
　　③ Hutchinson G E. Concluding Remarks - cold Spring Harbor Symposia on Quantitative Biology. Reprinted in 1991：Classics in theoretical biology ［J］. Bulletin of Mathematical Biology，1957，53（1507）：193-213.
　　④ Grinnel J. Fuzzy Sets ［J］. Information & Control，1965，8（65）：338-353.
　　⑤ Leibold M A. The Niche Concept Revisited：Mechanistic Models and Community Context ［J］. Ecology，1995，76（5）：1371.
　　⑥ 朱春全. 生态位态势理论与扩充假说 ［J］. 生态学杂志，1997（3）：324-332.
　　⑦ 曾德明，韩智奇，邹思明. 协作研发网络结构对产业技术生态位影响研究 ［J］. 科学学与科学技术管理，2015，36（3）：87-95.

续表

研究者	主要观点	主要内容
彭文俊和王晓鸣[1]（2016）	生境生态位	物种的环境要求是与物种生长发育有关的生态因子构成的集合
孙丽文和李跃[2]（2017）	资源生态位	主要反映创新单元在创新生态系统中占有和利用资源的情况

2. 生态位理论的基本内容

（1）生态位宽度。生态位宽度是指一个种群在一个群落中所利用的各种不同资源的总和。当资源的可利用性减少时，生态位宽度一般需要增加，从而使种群得到足够的可利用资源。

（2）生态位重叠。生态位重叠是指两个或两个以上生态位相似的物种生活于同一空间时分享或竞争共同资源的现象。生态位重叠的两个物种因竞争排斥原理而难以长期共存，除非空间和资源十分丰富。通常资源总是有限的，因此生态位重叠物种之间的竞争总会导致重叠程度降低，如彼此分别占领不同的空间位置和在不同空间部位觅食等。

（3）生态位分离。生态学上接近的两个物种不能在同一地区生活。如果在同一地区生活，往往在栖息地、食性或活动时间等方面都要有所分离，或者说生物群落中的两种生物不能占有相同的生态位。生态位分离是物种进化的主要策略，包括"特化"和"泛化"。"泛化"指当资源不足时，捕食者往往形成杂食性或广食性；相反在食物丰富的环境里，劣质食物将被抛弃，生物只追求质量最优的食物即"特化"。生物通过这两种策略充分有效地利用资源，保证自身的生存。

综上所述，生态位理论主要刻画了一个种群所处的时间、空间位置，以及与另一个或一些种群所处的位置之间的联系，即其主要描述了种群对环境的要求和

---

① 彭文俊，王晓鸣. 生态位概念和内涵的发展及其在生态学中的定位［J］. 应用生态学报，2016，27（1）：327-334.

② 孙丽文，李跃. 京津冀区域创新生态系统生态位适宜度评价［J］. 科技进步与对策，2017，34（4）：47-53.

环境对种群的影响两个方面的规律，从而反映了种群的属性和特征以及种群与环境之间的相互作用。生态位理论经历了从鸟类生态学到动植物种群生态学再到后来的人类社会生态学的发展过程，其本质是关于组织间的竞争与合作。正如不同物种在一个生态圈中既相互争夺有限资源，又彼此交换能量一样，企业和其他组织的生态位关联也是竞合关系的集合。[①]

第二节　创新生态系统理论

一、创新理论

1. 创新的内涵

创新（Innovation）一词，最早由美籍奥地利经济学家约瑟夫·熊彼特在1912年首次提出。他在《经济发展理论》一书中将创新定义为是一种"新的组合"，即在工业和商业中发生的生产要素和生产条件的重新组合而形成新的生产函数。新组合无法通过使用闲置的生产手段实现，须对经济体系中现存的生产手段作不同于以往的组合。而且新组合的实现具有不连续、不均匀的特征，并不遵循一般的概率论原理均匀出现。熊彼特认为创新是在经济发展中产生的，他强调应将"发明、试验"区别于"创新"。其中，发明和试验都是科技行为，是一种新知识和新理论的生产活动。而创新则是经济行为，是将新知识转化为实际生产力，创造并执行一种新方案、实现要素新组合的过程和行为。这种新方案和新组合不仅仅基于"发明或试验"。对此熊彼特说，"只要发明还没有得到实际上的应用，那么在经济上就是不起作用的"。熊彼特将创新归纳为五种情况：①采用一种新的产品或一种产品产生的某种新的特性；②采用一种新的生产方法，或采用新技术；③开辟一个新的市场；④控制或获得原材料或半制成品的供给源；

---

① 周全. 生态位视角下企业创新生态圈形成机理研究［J］. 科学管理研究，2019，37（3）：119–122.

⑤企业形成新的组织。①

随后熊彼特在《资本主义的稳定性》中提出创新是一个过程的概念，其在1939年《商业周期》一书中又对创新理论进行了补充和扩展，形成了著名的熊彼特创新理论体系。在熊彼特创新理论体系中，创新是驱动资本主义经济增长和发展的动力，而"创新"本身的动力则来源于企业家的推动。企业家的行为和动机是"理性的"，其创新的目的是获取整合资源带来的潜在收益。在市场机制的作用下，当这种潜在利益被企业家发现后，会使各方资本迅速涌入，进而持续改进生产函数直至实现利益的最大化。②

20世纪50年代，创新进入了封闭式阶段。两次世界大战对世界经济产生重大冲击，创新的研究没有出现显著进展。到20世纪50年代后期，世界经济开始重新发展，各国在生产力和生产效率方面都有显著提高。美国现代管理学之父彼得·德鲁克扩展了创新概念的范围，将"创新"引入管理领域。德鲁克在1985年出版的《创新与企业家精神》一书中强调，创新活动是赋予资源一种创造财富的新能力，企业家从事创新，并通过创新展现企业家精神。他认为创新包括技术创新和社会创新，是通过改变产品或服务为顾客提供价值或满足。创新不需要一定与技术有关，甚至不需要具体的"实物"，它是一个经济或社会术语而非科技术语。他提出变化为创新提供机会，系统的创新是有组织、有目的的行为。③因此，德鲁克的创新理论是对熊彼特创新理论的进一步发展，对创新活动的认识和开展具有指导作用。

20世纪70年代后，创新进入开发式阶段。创新研究更加重视产学研协同创新，重点关注创新的非线性、开放性。这一时期西方国家出现了规模很大的企业，国际贸易的强化使市场竞争日趋激烈，产业关键技术和共性技术非常复杂，通常需要合作开发，有些技术甚至必须由独立研究机构开发才能得以实现。

20世纪80年代末期，电子信息技术产业的迅速发展使得产业效率大幅度提

① 约瑟夫·熊彼特. 经济发展理论［M］. 贾拥民，译. 北京：中国人民大学出版社，2019.
② 尹希文. 中国区域创新环境对产业结构升级的影响研究［D］. 长春：吉林大学博士学位论文，2019.
③ 彼得·德鲁克. 创新与企业家精神［M］. 蔡文燕，译. 北京：机械工业出版社，2009.

高，在这一阶段的创新活动中出现了合作、协同的现象，不同的创新主体开始组建创新网络，发挥系统的作用。[①]

2. 创新模式的历史演进

自熊彼特提出创新的概念之后，学者们开始对创新进行深入的研究，他们开始站在不同的角度来理解创新，创新模式开始不断地演化。

（1）单向线性创新模式。单向线性创新模式是指在创新研究的早期阶段，学者们对创新过程的形成机制的关注点仅停留在单一作用因素上，认为创新的动因来源于单一影响因素，包括基础研究、科学或者企业家行为等，只要增加其投入就会增加下游的创新产出，其对创新产出的影响具有线性特征。熊彼特创新模型、诱导创新模型、技术推动型与市场需求拉动型等创新模型均属于线性创新模式。[②]

第一，熊彼特创新模型Ⅰ和熊彼特创新模型Ⅱ。熊彼特在 1912 年《经济发展理论》一书中首次提出熊彼特创新模型Ⅰ，熊彼特创新模型Ⅰ的理论观点认为，技术创新是经济系统发生变化的外部变量，企业家主体对创新活动成功与否起到重要作用，企业家为技术创新提供所需的资源、技术、知识，一旦创新成功，企业家便获得超额利润回报。熊彼特创新模型Ⅰ把技术创新作为经济理论的核心，率先论证了技术创新对经济的重要作用。熊彼特创新模型Ⅱ则指出，技术来自企业内部的创新部门，成功的技术创新可以为企业带来利润并使企业形成短期的行业垄断。

第二，技术推动模型。20 世纪 50 年代，技术推动的线性模式被广泛应用，技术创新过程始于基础研究，在研发、生产、销售和市场等方面，它们之间是线性关系，市场可以根据技术推动模型预测该领域未来市场发展趋势。在该模式下，加大研发投入力度有利于促进技术创新的产生。

第三，诱导创新模型。希克斯认为创新的方向与生产要素相对价格的变化有关，因此稀缺的要素资源能够诱导创新的产生，从而形成较高的稳定状态。[③] 罗森博格则认为，诱导机制不是由于要素稀缺，而是在生产中由技术发展不平等、

①② 汪锦熙. 高新技术产业创新生态系统创新态势测度研究——以河北省为例［D］. 天津：河北工业大学硕士学位论文，2017.

③ J R Hicks. The Theory of Wages［M］. London：Macmillan，1963.

生产和资金的不确定性等原因造成的。①

第四，市场需求拉动模型。20 世纪 60 年代中期，美国学者施穆克勒提出，市场需求引发技术创新，市场增长与市场的发展潜力决定了发明活动的速度和方向。② 然而，由于消费者需求的有限性以及消费者需求的变化难以预测，通过市场需求拉动产生的技术创新大多属于渐进性创新而不是根本性创新。

（2）互动创新模式。20 世纪七八十年代，对于科学、技术和市场三者相互联结的一般过程而言，线性的技术推动和市场拉动模式都过于简单和极端化，并且不典型。创新模式也演变为研究、生产与推广的彼此促进，进而实现市场需求拉动及生产技术推动的相互作用，因此，技术创新链环—回路模型以及技术与市场互动模型诞生。

第一，技术创新链环—回路模型。克莱恩和罗森博格提出了技术创新链环—回路模型，罗森博格认为线性创新模式并未考虑不同创新阶段之间的反馈与循环，而技术创新过程中具有相当大的不确定性、复杂性与随机性，因此，仅仅将技术创新看成一系列科学事件累计的结果是不合理的。③技术创新链环—回路模型由多条创新路径和反馈回路组成，科学研究、知识对于整个创新过程具有支撑与促进作用，科学不仅是创新的初始点，而且在创新链中各个节点都需要。④

第二，技术与市场互动模型。莫厄里和罗森博格提出了技术与市场交互作用的创新过程模型，他们认为技术与市场的共同作用决定了创新的过程，科学技术与市场需求两者在创新中以一种互动的方式发挥着重要作用。其中，市场需求决定了创新的报酬，科学技术的水平决定了创新成功的可能性及成本。⑤

（3）现代非线性创新模式。20 世纪后期，随着科学技术的快速发展，技术的复杂性和不确定性更加明显，单向线性创新模式和互动创新模式难以满足创新发展需求，创新不再是线性过程，最终呈现非线性创新模式。创新的非线性模式包括创新双螺旋模型、创新三螺旋模型、国家创新系统与集群创新模式。

---

①③　N Rosenberg. Inside the Black Box ［M］. London：Cambridge University Press，1982.

②　J Schmookler. Invention and Economic Growth ［M］. Cambridge：Havard University Press，1966.

④　柳卸林. 技术创新经济学 ［M］. 北京：中国经济出版社，1993.

⑤　董微微. 创新模式演进过程的研究综述与展望 ［J］. 工业技术经济，2016，35（5）143-147.

第一，创新双螺旋模型。创新双螺旋模型是由技术创新中的技术进步与应用创新构成的。技术进步和应用创新两个方向可以被看作既分立又统一、共同演进的一对"双螺旋结构"，技术进步为应用创新提供了新的技术，而应用创新一般很快就会达到技术的极限，进而进一步推动技术的演进。当技术进步和应用创新高度融合时，就会诞生行业新热点。因此，技术创新是技术进步和应用创新"双螺旋结构"共同演进的产物。

第二，创新三螺旋模型。亨瑞·埃茨科瓦茨于1997年首次提出了三螺旋模型的概念，用于解释大学、企业和政府三者间在知识经济时代的新关系。勒特·雷德斯道夫对此概念进行了发展并提出了该模型的理论系统。三螺旋模型在创新活动中有三个不同的阶段，第一阶段是国家主义模式，简称为三螺旋1（见图2-2），三螺旋1中政府参与过多，创新是受阻碍的而不是受鼓励的，因此很大程度上被视为一个失败的发展模式。第二阶段是自由放任主义模式，简称为三螺旋2（见图2-3），三螺旋2中大学、企业、政府三者关系不够紧密，缺少有效的组织，难以顺利开展创新活动。第三阶段是最发达的重叠模式，简称为三螺旋3（见图2-4），三螺旋3的共同目标是实现一个创新环境，在三螺旋3中，大学、企业和政府三方在创新过程中密切合作、相互作用，三者均保持各自的独立性，且与另外两方交互作用，当前很多国家和区域都试图构建三螺旋3创新模型，以实现创新资源的协同组织，促进创新活动的有效开展。

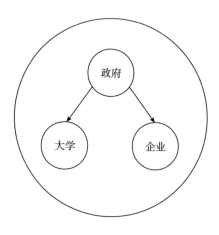

图 2-2　国家主义模式

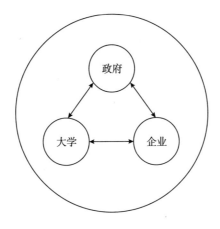

图 2-3 自由放任主义模式

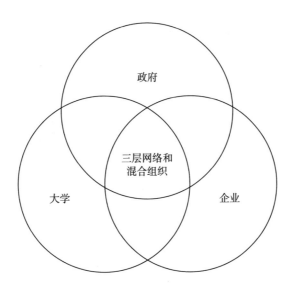

图 2-4 重叠模式

第三，集群创新模式。集群创新模式是一个非线性系统，集群创新模式是在创新系统理论基础上发展而来的。集群创新是一种由分散企业向某一地域范围或某一行业领域集聚的现象，通过不同创新主体之间的协同互动促进集群的创新能力提升。

综上所述，创新从最初的经济驱动逐渐转变为市场需求和经济的双重驱动。

随着时代的进步，传统的线性创新模式已难以满足创新发展的需求，创新模式由单一的线性模式发展到了非线性模式。与线性模式相比，非线性模式更注重创新活动中的反馈和互动，创新的发生不再只有确定的因果关系，而是所有参与主体与环境共同作用的结果。

二、生态系统理论

1. 生态系统的概念界定

生态系统又称为自然生态系统。1935年，英国生态学家Tansley A. G首次提出生态系统这一科学概念，用来概括生物群落和环境共同组成的自然界，这标志着生态学的发展进入了一个新的阶段。他强调系统中各种因素之间的相互关系、相互作用和功能统一。生态系统不仅包括生物复合体，而且还包括形成环境的全部物理因素复合体。我们不能把生物与其特定的自然环境分开，生物与环境形成了一个自然系统。正是这种系统构成了地球表面上具有大小和类型的基本单位，这就是生态系统。生态系统中物种、种群与群落紧密相连，处于生态系统的不同层级。生态系统的生物要素的范围由小到大分别是物种、种群和群落。物种是生态系统中最小的生物单元，每个物种都具有不同的形态结构和生理结构，是构成生态系统的最基本组成单位。种群是一定空间和时间范围内同一物种个体的集合体。物种和种群最大的区别在于，物种强调生物的个体，种群更多地强调在一定时间和某一地理范围内同一物种的集合。物种是一个绝对概念，种群是一个相对概念，处于不同空间范围的同种生物个体也称为同一物种，但有可能不属于同一种群。群落突破了物种的限制，是一定空间和时间范围内，多种物种的集合，这些物种不是彼此孤立的，而是相互之间存在捕食、竞争、共生的关系，共同构成复杂的生物集合体。[①] 1940年苏联地理植物学家Sucachev V. N提出生物地理群落的概念，他认为生物地理群落是指在地球表面上的一个地段内，动物、植物、微生物与其地理环境组成的功能单位。他强调了在一个空间内，生物群落中各个成员和自然地理环境因素是相互联系在一起的整体。1953年美国著名生态学家E. P. Odum在其代表作《生态学基础》中见证了生态科学整体思想的演变历程，

---

① 张仁开. 上海创新生态系统演化研究［D］. 上海：华东师范大学博士学位论文，2016.

提出了生态系统"功能性整体"概念，把生态系统的概念从生物界推广到了人类社会，认为生态学应该是研究人和环境的整体的科学，要着重研究生态系统的结构与功能。[①] 戴宁认为生态系统是在特定的时间和空间范围内，生物主体和非生物环境构成的具有特定大小和结构的动态功能结合体。[②] Acs 等认为生态系统是由生物群落、物理环境以及二者之间的相互作用组成的。[③]

20 世纪 70 年代起，生态系统理论被应用到经济管理领域，之后形成了产业生态系统、企业生态系统、知识生态系统、商业生态系统、电子商务生态系统等新兴研究领域（见表 2-3）。[④]

表 2-3 生态系统理论

研究者	主要观点	主要内容
张焱等[⑤]（2020）	产业生态系统	将产业生态系统类比成自然生态系统，系统内部信息、物质和能量的流动构成一个有自组织性的生态循环，从而实现产业与环境的协调发展
Moore[⑥]（1993）	企业生态系统	首次从企业生态系统的理论视角出发对企业生态系统进行定义，认为企业生态系统是一种基于组织互动的经济联合体，是商业世界的有机联合体。一个企业生态系统包含的成员是多种多样的，有消费者、生产者、竞争者各种利益相关者。这些成员形成了一个价值链，类似于自然生态系统的食物链，在此基础上，个人和组织相互交错使各种链错综复杂形成价值网，信息、能量和物质就在这张价值网上流动和循环
邱均平[⑦]（2006）	知识生态系统	知识生态系统是在特定时空范围内，由知识资源、知识服务活动、知识创新活动以及他们的交流和协作环境所组成的，借助于知识流动、价值流动、物质流动等功能而形成的开放、动态的知识系统

---

① E P Odum. 生态学基础 [M]. 陆健健，等译. 北京：高等教育出版社，2009.

② 戴宁. 企业技术创新生态系统 [D]. 哈尔滨：哈尔滨工程大学硕士学位论文，2010.

③ Acs Z J, Stam E, Audretsch D B, et al. The lineages of the Entrepreneurial Ecosystem Approach [J]. Small Business Economics, 2017, 49（1）：1-10.

④ 李忠云，邓秀新. 高校协同创新的困境、路径及政策建议 [J]. 中国高等教育，2011（17）：11-13.

⑤ 张焱，苑春荟，吴江. 5G 背景下我国物流产业创新生态系统构建与演化研究 [J]. 科学管理研究，2020，38（1）：62-70.

⑥ James F Moore. Predators and Prey：A New Ecology of Competition [J]. Harvard Business Review, 1993（5）：75-86.

⑦ 邱均平. 知识管理学 [M]. 北京：科学技术文献出版社，2006.

研究者	主要观点	主要内容
Moore① （1993）	商业生态系统	将商业生态系统的概念引入商业管理中，并分析了以 IBM、苹果、微软、英特尔等为核心企业的商业生态系统的产生、运营及成功的关键因素
纪淑娴和李军艳 （2012）②	电子商务生态系统	从生态链的角度来看，电子商务生态系统的主体由生产者、传递者、消费者、分解者等构成

2. 生态系统的组成

地球是由多种生物体组成的，任何生物都不是独立存在的，他们相互之间会有不同程度的依赖，当多个同种生物共同生活时构成了某类生物种群，多个生物种群在一定时空内集聚生存便构成生物群落，而某一时空范围内的生物群落与其生存环境共同构成了生态系统。生态系统由生物群落（生命系统）和非生物群落（环境成分）组成（见图 2-5）。通常生物要素包含生产者、消费者、分解者。生产者的主要功能是将无机物转化成有机物，以绿色植物为主。消费者通过直接与间接的方式利用生产者合成的有机物。分解者的主要功能是将动植物残体、排泄物等有机物分解转化成无机物，以菌类生物与无脊椎生物为主。非生物要素包括能源、气候、无机物、有机物，其中，能源包括太阳能、风能等；气候因素主要包括温度、湿度、风、雨雪等；无机物包括氧、氮、二氧化碳等；有机物包括蛋白质、糖类、脂类等。生物成分是生态系统的主体，非生物成分为生物成分提供生命活动的场所及其所需的能量和物质，是生物能量的源泉，被称为是生物的生命支持系统。如果没有非物质成分形成的环境，生物成分将难以生存；如果仅有非生物成分，则不能形成生命系统。因此，生物成分和非生物成分是相互依赖的关系。

3. 生态系统的特征

生态系统具有整体性、层次性、稳定性的特征。整体性是指生态系统是一个不可分割的整体，由各部分要素的有机整合而实现最大化，并不是各子要素

---

① James F Moore. Predators and Prey：A New Ecology of Competition ［J］. Harvard Business Review，1993（5）：75-86.

② 纪淑娴，李军艳. 电子商务生态系统的演化与平衡研究 ［J］. 现代情报，2012，32（12）：71-74.

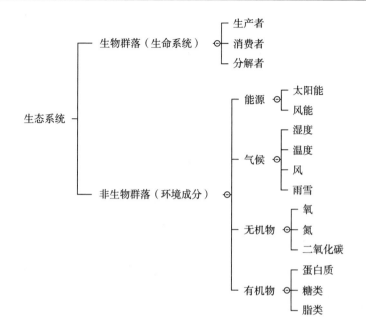

图 2-5　自然生态系统的组成

的功能累加，整体功能将大于各部分功能之和，实现各部分独立无法达到的成效。每个要素只有在特定系统中才能发挥或保持原有的性质、特征和作用，一旦脱离整体，其原有功能将无法保持。层次性是指生态系统由各要素组成，各要素与各子系统之间又存在横向和纵向的联系。每个系统由各子系统构成，每个子系统又由其具体的元素构成，构成系统的元素都具有无限可分性，每种元素由它的下一层诸元素构成，层层下移，依次类推，体现出系统的纵向结构性。各组成元素、各子系统在横向关联上存在密切关系，彼此之间相互作用，以某种特定组合样式的网络关系和一定的数量关系呈现出来，表现出系统的横向关联性。稳定性是指系统的运动是绝对的，但可以在一定时间内保持相对稳定。

　　除整体性、层次性、稳定性的特征以外，生态系统还体现出动态性和平衡性、竞争性与合作性、复杂性与多样性、区域性与差异性。动态性和平衡性主要是指生态系统的生物种群之间相互配合，与外界进行长期的物质循环和信息传递，随着生物的不断进化，当生态系统遭到破坏时，生态系统会进行自我修复，打破原有的平衡，成立新的平衡。竞争性与合作性是指在生态系统中不同的生物种群会不停地争夺有限的生存空间和资源，为了生存，它们之间相互竞争，最终只有胜利者才能生存下来，但同时不同物种与环境在进化过程中又相互依赖，因此它们又具有一定的合作性。复杂性与多样性主要是指生物物种的多样性以及生态环境的复杂性，在生态系统里存在着不同的生物物种，而生态环境也是多变的，当生态环境发生改变时，生物物种要么适应环境的改变，也就是我们常说的适者生存，要么不适应环境的改变，最终被淘汰。区域性与差异性是指不同的区域培养出不同的物种。各区域间的物种由于环境的不同也存在着差异。任何物种的生存都不能脱离自然环境，而优秀的物种会努力地适应自己所在区域的自然环境。

三、区域创新系统理论

1. 区域创新系统的内涵

"区域""创新""系统"这三个词组成了区域创新系统，"区域"是指特定时空范围内社会资源、技术资源和自然资源的集合。"创新"是将新的要素或要素的新组合方式引入区域经济系统，使系统具有新的功能，其目的是创造一种新的更为有效的资源配置方式，以实现经济资源的最有效利用。"系统"是由某些相互联系的部件集合而成的，这些部件可以是具体的物质，也可以是抽象的组织，它们在系统内彼此相互影响并构成系统的特性。而由这些部件集合而成的系统的运行是有一定的目标的，系统中部件及其结构的变化都可能影响和改变系统的特性。对于区域创新系统内涵的相关研究见表2-4。

综上可知，对于区域创新体系概念主要是从区域创新主体、区域创新网络、区域创新体系系统集成等方面进行描述的。其中，区域创新主体包括企业、大学和科研机构等与技术创新活动相关的主体要素以及政府机构、金融与科技中介等创新服务机构。区域创新网络是指由某一区域内有关部门和机构相互作用而形成的推动创新的网络。区域创新体系的系统集成是指区域创新体系由区域范围内科技体系、教育体系、资金体系、政府部门等子系统构成。因此，区域创新系统的内涵至少包含以下三个方面的内容：①具有一定的空间范围和边界；②有各种创新主体，包括创新的生产、使用和扩散；③创新主体之间进行密切而频繁的相互作用。

表2-4 区域创新系统的内涵

研究者	主要观点
Cook[①] (1992)	区域创新系统是企业及其他机构经由以根植性为特征的制度环境系统地从事交互学习的地方。交互学习相当于知识通过各类行为主体交互作用形成的一种集体资产；环境是指由物质资源、人才、规则和标准等共同构成的开放地域综合体；根植性包括通过特定社会交互形式完成的创新过程
Wiig 和 Wood[②] (1995)	广义的区域创新系统包括企业集群、高校集群、科研机构集群、政府机构、金融与科技中介等创新服务机构
Braczyk 等[③] (1998)	区域创新系统主要是由地理上相互分工与关联的生产企业、研究机构和高等教育机构等构成的区域性组织体系，而这种体系能支持并产生创新
Asheim 和 Isaksen[④] (1997)	区域创新系统主要分为经济系统与创新环境系统两个部分。其中，经济系统主要表现为"技术—经济"系统，创新环境系统主要表现为"政策—制度"体系，此外还有文化环境等次要的区域性创新环境系统。社会经济中的创新可以看作制度环境约束下的经济内生激励行为
Audio[⑤] (1998)	区域创新系统是基本的社会系统，由相互作用的子系统组成，组织和子系统内部及相互之间的互动产生了推动区域创新系统演化的知识流
Cristina 和 Lundvall[⑥] (2019)	区域创新网络中的创新是一个生产者与用户相互作用的过程，共同的语言、地理及文化的接近，有助于这种相互作用的过程
Doloreux[⑦] (2003)	区域创新系统不存在普遍可以接受的概念，但通常可以理解为通过有组织的制度和机构安排，增强区域内各种创新主体之间正式的和非正式的交互学习，推动知识的制造、使用和扩散过程
王国红等[⑧] (2012)	区域创新体系由区域范围内科技体系、教育体系、资金体系、政府部门等子系统构成

① Philip Cook. Cardiff Regional Innovation Systems：Competitive Regulation in the New Europe ［J］. Printed in Great Britain，1992，23（3）：365-385.

② Wiig H，Wood M. What Comprises a Regional Innovation System? An Empirical Study ［M］. Olso：STEP Group，1995.

③ Hans-Joachim Braczyk，Philip Cooke，Martin Heidenreich. Regional Innovation System. The Role of Governances in a Globalized World ［M］. London：UCL Press，1998.

④ Asheim B T，Isaksen A. Location，Agglomeration and Innovation：Towards Regional Innovation Systems in Norway? ［J］. European Planning Studies，1997，5（3）：299-330.

⑤ Audio E. Evaluation of RTD in Regional Systems of Innovation ［J］. European Planning Studies，1998，6（2）：131-140.

⑥ Cristina C B，Lundvall S. H. 国家创新体系概论 ［M］. 上海市科学院研究所，译. 上海：上海交通大学出版社，2019.

⑦ Doloreux D. Regional Innovation Systems in the Periphery：The Case of the Beauce in Quebec（Canada）［J］. International Journal of Innovation Management，2003，7（1）：67-94.

⑧ 王国红，邢蕊，唐丽艳. 区域产业集成创新系统的协同演化研究 ［J］. 科学学与科学技术管理，2012，33（2）：74-81.

2. 区域创新系统的特点

（1）区域性。由于不同区域的政治、经济、资源和文化不同，区域间的创新能力及创新效率也存在差异，区域创新系统具有一定的区域特色和差异化，因此区域创新系统的建设要与区域的基本条件以及发展目标相适应。

（2）中观性。区域创新系统是国家创新系统与企业创新系统之间的桥梁，它在整个创新链条中起到承上启下的作用。国家创新系统、区域创新系统、企业创新系统分别代表了宏观、中观、微观的创新系统。区域创新系统是国家创新系统的子系统，企业创新系统包含于区域创新系统中。区域创新系统对于国家创新系统具有一定的服从性，同时区域创新系统也具有一定的独立性。

（3）整体性。区域创新系统的各要素之间相互作用、相互联系以及相互制约，构成一个有机整体，一旦失去其中一些关键性要素，那么系统的整体性就难以发挥，这是因为各要素对系统整体性的影响是在其相互作用的过程中表现出来的，而失去一些关键要素，其"相互作用"的性质就会发生变化。

（4）动态性。区域创新系统的创新主体、创新环境以及创新资源都处于不断变化的过程中，信息、知识、人力等都处于不断更新中，因此区域创新系统的运行处于动态变化中。具体表现为两个方面：一是内在变化。创新主体的数量是不断变化的，而且创新主体之间会由相互竞争转换为共同生存的关系。二是创新环境的变化。区域创新系统的良好运行离不开创新环境，而市场环境具有不可预测性以及不确定性，内环境及外环境都会发生变化。因此，区域创新系统具有动态性特征。

第三节　协同理论

一、协同理论的基本内容

"协同"（Synergy）一词最早源于古希腊，或曰协和、同步、和谐、协调、协作、合作。协同理论亦称"协同学"。协同学是一门横跨自然科学和社会科学的新兴学科，于 20 世纪 70 年代初逐渐形成，是由德国物理学家赫尔曼·哈肯创立的。赫尔曼·哈肯在研究激光的过程中发现，如果大量的子系统构成了系统，如生态系统、经济系统、人口系统、管理系统等，当处于特定状态时，子系统之间在非线性的相互影响下，将会出现相干效应以及协同效应，导致系统也会发生相应的变化，形成一定的自组织结构，并且具备特定功能，基于宏观层面上，将会产生全新的有序状态，如此一来也就产生了协同理论。因此，赫尔曼·哈肯认为协同是指系统的各子系统之间相互协作，使整个系统形成微观个体所不存在的性质的结构和特征。①

协同学的主要内容就是运用演化方程来研究协同系统的各种非平衡定态和不稳定性（又称非平衡相变）。其求解演化方程的方法主要是解析方法，即利用数学中的解析方法求出序参量的解析表达式和出现不稳定性的解析判别式。在分析不稳定性时，经常用到数学中的分岔理论、突变论和数值法等。协同学的研究对象是协同系统在外参量的驱动下和在子系统之间的相互作用下，以自组织的方式在宏观上形成空间、时间或功能有序结构的条件、特点及其演化规律。②

二、协同理论的原理

协同理论主要包括三项原理，即协同效应、自组织原理和伺服原理。

1. 协同效应

协同效应是指系统中大量子系统间通过协同作用促使系统从无序状态向有序状态演化，并且产生出整体功能大于各子系统功能简单相加的整体效应。协同作用是一种内驱力，且是由系统有序结构形成的。当在外来能量的作用下或物质的聚集态达到某种临界值时，所有复杂系统的子系统之间就会产生协同作用。它是各个子系统内部要素之间相互协同的结果，它所产生的效应不是"1+1=2"，而应是"1+1>2"。

2. 自组织原理

自组织是指系统在只与外界进行必要的能量、信息和物质的交互而不接受外

---

① 赫尔曼·哈肯. 高等协同学［M］. 郭治安，译. 北京：科学出版社，1989.
② 谢雪梅. 基于协同理论的科技企业孵化器建设项目沟通管理研究［D］. 北京：北京邮电大学硕士学位论文，2018.

部指令的前提下，自发地对自身子系统进行排列组合并使其按照一定的规则运动，形成具有新的功能、结构的有序状态的现象。

3. 伺服原理

伺服原理又称支配原理，主要研究系统发生根本变化的主导要素和该要素引起系统产生本质变化的过程，是指当系统发生变化的时候，快变量服从慢变量，慢变量最终决定各子系统产生何种运动，序参量支配子系统行为的现象。它从系统内部稳定因素和不稳定因素间的相互作用方面描述了系统的自组织的过程。

第三章 文献综述

第一节 研究现状可视化分析

创新是复杂的价值创造过程，是经济发展的决定性力量。新兴技术的快速发展，科技、经济及社会的深度融合等使单一组织面临复杂且竞争激烈的市场环境的挑战，诸多产业呈现创新不确定性、多主体共生性和业态交叉融合性等特点，国家面临经济增长、产业转型、技术变革等压力。封闭、孤立、线性的创新管理范式已无法适应组织快速发展的管理需求。数字化、工业互联网、人工智能、5G 技术等新兴技术的涌现，共享经济等市场趋势的兴起，平台型组织等组织模式的变革，进一步引发了理论界与实践界对技术创新与管理范式的新思考。在这一背景下，"生态系统"作为一种新范式已成为当前创新与战略管理的热点议题。

一、国内文献概述

关于创新生态系统的相关研究，通过 CNKI 进行文献检索，输入关键词"创新生态系统"，发现文献数量为 2160 篇，最早一篇发表在 1999 年，发文趋势如图 3-1 所示。通过对相关文献进行分析，发现随着时间的推移，创新生态系统研究已逐步由创新管理的一个分支，演化为组织理论、创新管理、战略管理等交叉领域的重要议题，而且目前已有研究展开对创新生态系统理论与实证的评述。

由图 3-1 可知，2012 年以后创新生态系统研究呈现出持续高速增长的发展趋势。近年来，随着创新生态系统研究的快速发展，文献存量水平与成果涌现速度快速提升。

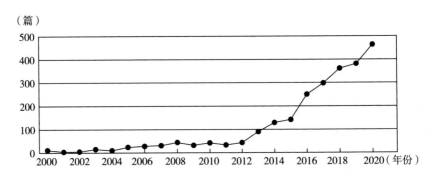

图 3-1 创新生态系统研究总体趋势

根据 2160 篇文献，对其主题分布进行统计，对排名前 20 的主题词进行排序，如图 3-2 所示。其中，主题词排第一位的是创新生态系统，排第二位的是生态系统，排第三位的是创新创业。总体来说，对于创新生态系统的研究主要分布在创新创业、产业、商业、高校等领域。

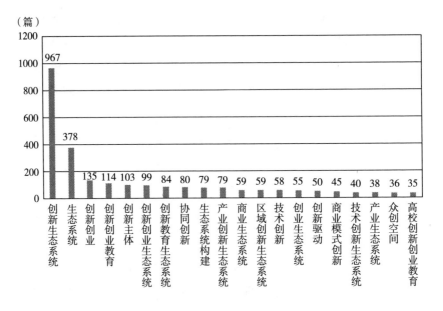

图 3-2 主题分布

在 CiteSpace 软件中，对 2160 篇文献进行突现词分析，得出主要关键词的出现时间、截止时间以及出现强度。自 2001 年起至 2020 年，时间跨越期为 20 年，分析结果如图 3-3 所示。图中浅色部分为时间进度条，深色部分是出现的时间段，可以看出"平台生态系统"的出现时间最长，出现强度排在第二位。出现强度排第一位的是"技术创新"，接下来分别是"企业生态系统""价值共创"。从关键词突现图可以看出，国内对创新生态系统持续关注，研究主题逐渐由宏观细化到微观。

关键词	年份	力度	开始	结束	2001～2020年
平台生态系统	2001	8.9056	2001	2012	
创新资源互动	2001	3.0542	2001	2007	
价值共创	2001	6.5718	2001	2012	
技术创新	2001	11.5361	2001	2011	
企业创新绩效	2001	5.6803	2001	2012	
企业生态系统	2001	8.0694	2007	2012	
自主创新	2001	4.8877	2007	2013	
高科技企业	2001	5.062	2008	2013	
商业生态系统	2001	5.1262	2009	2016	
技术标准	2001	4.0862	2009	2013	
产业生态系统	2001	3.5204	2012	2015	
流创新	2001	4.6296	2012	2014	
源创新	2001	5.2101	2012	2014	
中关村	2001	5.8809	2013	2015	
战略性新兴产业	2001	5.6682	2013	2014	
开放式创新	2001	3.2537	2013	2015	
商业模式创新	2001	4.0055	2013	2014	
创业创新	2001	5.7851	2015	2017	
创新驱动发展战略	2001	3.4595	2016	2017	
众创空间	2001	5.0724	2017	2018	
创业教育	2001	3.3275	2017	2020	
高校	2001	3.8126	2017	2020	
区域创新生态系统	2001	4.0339	2018	2020	
产业创新生态系统	2001	3.0752	2018	2020	
人工智能	2001	4.2502	2018	2020	

图 3-3　2160 篇文献突现词词谱图

通过运用 CiteSpace 软件进行关键词聚类分析，得出如图 3-4 所示的聚类分析图。软件默认视图中的节点代表分析的对象，出现频次（或被引频次）越多，节点就越大。节点大小表示不同时间段的出现（或被引）频次。节点之间的连线则表示共现（或共引）关系，其粗细表明共现（或共引）的强度。默认图谱已经能够显示出形成的知识聚类、聚类之间的联系及随时间的推移而演变。在聚类分析中，聚类模块值 Q>0.3 认为聚类是可信服的，聚类平均轮廓值 S>0.5 认为聚类是合理的。在对 2160 篇文献进行聚类时，Q=0.666，S=0.548，表明聚类结构显著，聚类效果合理。

从图 3-4 中可以看出较大的几个集群是"创新生态系统""生态系统""技术创新""创新创业""创新""协同创新"，同时可以看出对于创新生态系统的研究涉及范围较广，从产业、企业到高校大学生，从创新模式到创新机制，大大小小的集群簇有近百个。其中，"创新生态系统"作为最大的集群簇，引用计数值为 820，"生态系统"为 329，"创新创业"为 116。

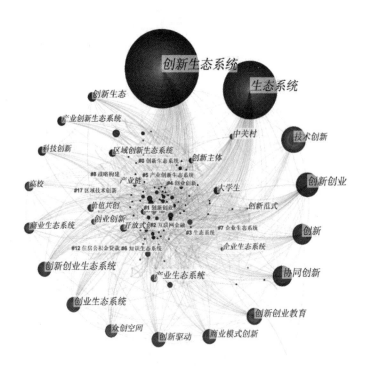

图 3-4　文献关键词聚类分析图

文献的突变强度可用来衡量一个变量的值在短期内的变化程度，其主要用于两类变量：①施引文献所用的单词或短语的频次；②被引文献所得到的引文频次。据突变强度进行排名，第一位是"技术创新"，突变强度为 11.54，第二位是"平台生态系统"，突变强度为 8.91，第三位是"企业生态系统"，突变强度为 8.07，而"创新生态系统""生态系统"两大集群的突变强度未排在前列，"创新创业"突变强度为 5.79，排在第六位。

　　时间线视图主要侧重于勾画聚类之间的关系和某个聚类中文献的历史跨度，选择进行时间线分析后，CiteSpace 首先会对默认视图进行聚类，并给每个聚类赋予合适的标签，即完成自动聚类和自动标签的过程。其次根据节点所属的聚类（坐标纵轴）和发表的时间（坐标横轴），将各个节点设置在相应的位置上，从而生成时间线视图。由于同一聚类的节点按照时间顺序被排布在同一水平线上，所以每个聚类中的文献就像串在一条时间线上。

　　时区视图是另一种侧重于从时间跨度上表示知识演进的视图。时区视图可以清晰地展示出文献的更新和互相影响。选择进行时区图分析后，CiteSpace 会将所有的节点定位在一个横轴为时间的二维坐标中，根据首次被引用的时间，将节点设置在不同的时区中，节点所处的位置随着时间轴依次向上，由此一个从左到右，自下而上的知识演进图就直观地展示出来了。时区视图展示了某一领域文献的增长，某一时区的文章越多，说明这一时间段中发表的成果越多，该领域处于繁荣时期；某一时区中的文献越少，说明这一时间段中发表的成果越少，该领域处于低谷时期。通过各时间段之间的连线关系，可以看出各时间段之间的传承关系。例如，在 1999 年时区中的节点和 2000 年时区中的节点的连线较多，说明这两个时间段的传承关系较强，在 2000 年时区中的节点和 2002 年时区中的节点的连线较少，说明这两个时间段的传承关系较弱。

　　随后，通过 CNKI 对文献来源进行范围限定，筛选出 CSSCI 和 CSCD 来源的文献，筛选出的文献总数为 728 篇。接下来，对 728 篇文献进行可视化分析，突现词分析如图 3-5 所示。与上一个突现词分析有所不同的是关键词存在一定的差异，研究的时间段也有所不同，对于"平台生态系统""技术创新"等方面的研究有所减少，近几年对于"创新驱动""协同创新""创新创业生态系统"和"区域创新生态系统"的研究逐渐增加。

关键词	年份	力度	开始	结束	2001～2020年
平台生态系统	2001	5.2662	2001	2012	
创新资源互动	2001	4.797	2001	2012	
技术创新	2001	5.0488	2001	2008	
文献计量法	2001	4.0087	2001	2009	
企业创新绩效	2001	3.6958	2001	2012	
价值共创	2001	3.4812	2001	2006	
平台治理	2001	4.2182	2001	2012	
区域技术创新生态系统	2001	3.1237	2003	2009	
企业生态系统	2001	3.6945	2006	2010	
高科技企业	2001	4.6178	2008	2013	
技术标准	2001	3.773	2009	2013	
战略性新兴产业	2001	5.1507	2013	2014	
创新驱动	2001	3.5519	2014	2017	
协同创新	2001	4.8564	2014	2016	
创新创业	2001	4.0855	2016	2018	
创新创业生态系统	2001	3.1021	2017	2020	
区域创新生态系统	2001	4.0375	2018	2020	

图 3-5　CSSCI 和 CSCD 来源文献突现词词谱图

在对 728 篇文献进行聚类时，聚类模块值 Q = 0.6651，聚类平均轮廓值 S = 0.539，表明聚类结构显著，聚类效果合理。但比起 2160 篇文献，集群簇要少了很多，其中排第一位的集群是"创新生态系统"，排第二位的是"生态系统"，排第三位的是"技术创新"，排第四位的是"协同创新"，排第五位的是"创新创业"。引用计数方面，排第一位的是"创新生态系统"，引用计数值为 312，排第二位的是"生态系统"，引用计数值为 72，排第三位的是"价值共创"，引用计数值为 51，排第四位的是"技术创新"，引用计数值为 46，排第五位的是"平台生态系统"，引用计数值为 42。

接着，对 728 篇文献进行时区分布情况进行分析，分析结果如图 3-6 所示。从图 3-6 中可以清晰地看出不同时区研究主题的过渡、关键词间的相互关联度等，还可以看出对于"创新生态系统""技术创新"的研究跨度最大。

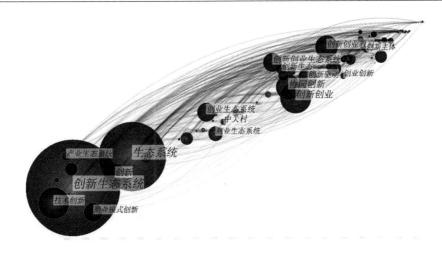

图 3-6 文献可视化时区图谱

二、国外文献概述

国外对于创新生态的研究起步较早，在 WOS（Web of Science）中选择主题检索，检索条件为"Innovation ecosystem"，共获得文献 2637 篇[①]。将目标文献按 CiteSpace 所需参考文献格式进行导出并转码，得到本书研究样本数据库。

1. 2004~2020 年发文数量分布情况

图 3-7 显示了创新生态系统研究性文献的发文数量的分布情况。由图 3-7 可以看出，第一篇研究性文献刊登于 2006 年，2006~2010 年为发展的起步阶段，发文量较少，2010~2014 年迎来稳定发展阶段，年发文量逐渐增多，2015~2019 年为快速发展阶段，由此可知创新生态系统受到了研究者们的广泛关注。

2. 所属国家（地区）分析

对 2006~2020 年样本数据库期刊论文作者所属国家（地区）进行统计分析，得到图 3-8。由图 3-8 可知，样本数据库期刊的论文作者涉及的国家（地区）较多，但集中趋势明显，其中有 78.7%的作者来自澳大利亚、美国、加拿大和英国等以英语为母语的国家。

———————————

① 检索时间：2020 年 7 月 20 日。

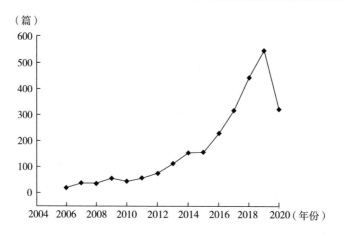

图 3-7　2004~2020 年发文数量分布情况

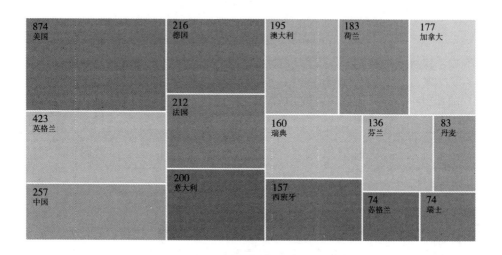

图 3-8　论文作者所属国家（地区）发文量

运行 CiteSpace，参数设置"Burstterms"，得到论文作者所属国家（地区）突现图（见图 3-9）。由图 3-9 可以看出，2009~2010 年的突现国家（地区）为"美国"；2009~2013 年的突现国家（地区）为"加拿大"；2014~2017 年的突现国家（地区）为"威尔士"；2017~2018 年的突现国家（地区）为"希腊"。

国家	年份	力度	开始	结束	2009～2020年
美国	2009	7.7689	2009	2010	
加拿大	2009	5.3385	2009	2013	
威尔士	2009	2.5764	2014	2017	
希腊	2009	2.6552	2017	2018	

图 3-9　论文作者所属国家（地区）突现图

3. 研究热点分析

研究热点是在某一个时间段内有内在联系的、数量较多的一组论文所探讨的研究问题或专题，从文献计量学的角度看，通过对关键词的聚类及共现分析，可以梳理关键词之间的关联关系，继而把握该研究领域的核心内容和研究热点。

在 CiteSpace 节点选择"keyword"，阈值设置为"Top33"，并选择"LLR"算法实现聚类，操作得出聚类模块值 $Q = 0.655 > 0.3$，表明网络聚类结构显著。图 3-10 中呈现了"ecosystem services""platforms""open innovation""entrepreneurial ecosystem""service-dominant logic""disruptive innovation""servitization""urbanization""smart cities""venture capital"10 个聚类，反映了创新生态系统领域的研究热点。

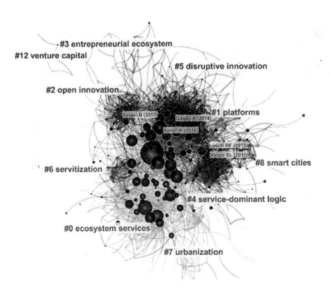

图 3-10　关键词聚类网络图谱

将 CiteSpace 节点仍选择 "keyword"，运行软件生成关键词共现知识图谱，如图 3-11 所示，该图谱共生成 520 个节点、3401 条连线，Density = 0.0252。

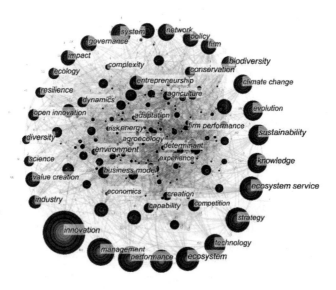

图 3-11　关键词共现网络图谱

4. 研究趋势分析

应用 CiteSpace 的突变词检测功能（Burstdetection）可计算并提取词频突变的焦点词，其中 Burst 值越高，表示该关键词在某一阶段具有较大幅度的突增，而这些受关注程度处于上升阶段的焦点词汇可用于揭示学科研究领域的发展趋势。鉴于此，为进一步探析创新生态系统研究的发展趋势及研究前沿，运行 CiteSpace，参数设置 "Burstterms"，最终发现样本文献中突变词有 26 个，说明在创新生态系统研究领域，前沿研究变动频率高且热点层出不穷。

由图 3-12 可以看出，2009～2011 年的突现词为 "ecosystem service"；2009～2012 年的突现词为 "ecology、evolution、diversity"；2009～2014 年的突现词为 "environment、conservation"；2009～2017 年的突现词为 "biodiversity"；2010～2012 年的突现词为 "climate"；2010～2013 年的突现词为 "competitive advantage、modularity"；2010～2014 年的突现词为 "adaptation"；2011～2012 年的突现词为

"quality"；2011~2013 年的突现词为"coevolution、benefit"；但在 2017 年之后，未出现新的突现词。

关键词	年份	力度	开始	结束	2009~2020年
ecosystem service	2009	3.1563	2009	2011	
environment	2009	4.3002	2009	2014	
conservation	2009	4.9736	2009	2014	
ecology	2009	5.3662	2009	2012	
biodiversity	2009	6.0874	2009	2017	
evolution	2009	6.5935	2009	2012	
diversity	2009	6.422	2009	2012	
resilience	2009	3.9446	2010	2014	
competitive advantage	2009	3.0894	2010	2013	
modularity	2009	3.465	2010	2013	
adaptation	2009	3.2221	2010	2014	
climate	2009	2.8031	2010	2012	
quality	2009	4.3363	2011	2012	
coevolution	2009	2.636	2011	2013	
benefit	2009	3.0051	2011	2013	

图 3-12 关键词突现图谱

除此之外，关键词时区图可以用来反映某一研究主题随时间推移而变化的主要研究内容，也能够在一定程度上反映某一时间段内的研究趋势，CiteSpace 的时区图（Timezone View）是一种侧重于从时间维度上来表示知识演进的视图，可以显示出共引网络中节点随时间推移而变化的结构关系。因此运行 CiteSpace，在关键词共现分析基础上，按时间片段生成关键词时区图谱，进而获取创新生态系统研究在时态分布中的热点演进特征。

时区图将同一年份首次出现的主题词集合在相同的时区里，从而更清晰地展示了知识领域在时间维度上的演进过程。不同时期的关注点不同，2009~2014 年主题词的集合较多，2017 年出现较小的主题词"platform"集合，之后研究热点趋向于"platform ecosystem、digitalplatform"。

第二节　国内外研究现状综述

一、创新的内涵

"创新"一词，最早由熊彼特在其 1912 年出版的德文版《经济发展理论》一书中提出。熊彼特（1912）通过引进"创新"与"企业家"，从动态与发展的视角，研究了资本主义"经济发展"的根本现象，建立了熊彼特"创新理论"的基本雏形。[①] 随后，在其 1939 年出版的《经济周期循环论》一书中，建立了完整的创新理论。[②] 国外学者 Mansfield（1971）将创新定义为一次发明的首次应用，并认为与新产品直接相关的技术变动才能定义为创新。[③] 然而，日本的森谷正规（1985）认为，技术创新不仅仅包括与产品直接相关的技术发明，间接的技术改进，即使技术没有发生革命性变化，也应该是技术创新。[④] 将创新定义限制在技术范畴的还有丁冰（1993）[⑤] 与 Utterback（1974）[⑥]。德鲁克（1989）则进一步扩展了创新概念的外延，认为赋予资源创造财富新能力的行为都是创新。[⑦]

国内经济学领域关于创新的最早的研究出现在 1973~1974 年，主要是北京大学经济系内部刊物《国外经济学动态》对熊彼特创新理论的一系列介绍。厉以宁与张培刚在 1981 年出版的《国外经济学讲座》一书中，则进一步系统地介

---

①　约瑟夫·阿洛伊斯．熊彼特．经济发展理论——对于利润、资本、信贷、利息和经济周期的考察［M］．何畏，易家洋，等译．北京：商务印书馆，1912.

②　约瑟夫·阿洛伊斯．熊彼特．经济周期循环论［M］．叶华，编译．北京：中国长安出版社，1939.

③　Mansfield, E. The Economics of Technological Change［M］. New York：W. W. Norton and Company, 1971.

④　森谷正规．日本的技术——以最少的耗费取得最好的成就［M］．徐鸣，陈慧琴，等译．上海：上海翻译出版社公司，1985.

⑤　丁冰．当代西方经济学派［M］．北京：北京经济学院出版社，1993.

⑥　Utterback J M. Innovation in Industry and the Diffusion of Technology［J］. Science, 1974, 183 (4125)：620-626.

⑦　彼得·德鲁克．创新与企业家精神［M］．彭志华，译．北京：企业管理出版社，1989.

绍了熊彼特的创新理论。① 此后，技术创新的研究在国内逐渐兴起。傅家骥在
1998 年出版的《技术创新学》一书中指出：技术创新是企业家抓住市场的潜在
盈利机会，以获取商业利益为目标，重新组织生产条件和要素，建立起效能更
强、效率更高和费用更低的生产经营系统，从而推出新的产品，新的生产（工
艺）方法，开辟新的市场，获得新的原材料或半成品供给来源或建立企业新的组
织，它包括科技、组织、商业和金融等一系列活动的综合过程。② 吴贵生也基本
继承了这一说法，将创新解释为新思想、新技术和商业化的统一体。③ 与之持类
似观点的还有许庆瑞④、林卸柳⑤、陈其荣⑥和邹新月⑦等研究者。国内学者关于
创新的定义，其外延普遍比国外学者宽，这也是大量学者在探索将创新理论与社
会主义经济相结合过程中的一种结果。

虽然国内外学者针对"创新"概念提出了不同的见解，但统一的学术概念
依然缺乏。通过对以上研究进行归纳总结，本书认为创新是一种思想到产品、市
场的转化过程，是一种经济行为，经济与创新相互作用，推动实体经济的发展与
技术的革新。

二、创新生态系统的内涵及发展

创新生态系统是一个具有共生关系的经济共同体，根据国外研究，创新生态
系统是一个具备完善的合作创新支持体系的群落，其内部各个创新主体通过发挥
各自的异质性，与其他主体进行协同创新，实现价值创造，并形成了相互依赖和
共生演进的网络关系。根据国内研究，创新生态系统是一个以企业为主体，以高
等院校、科研机构、政府、金融等中介服务机构为系统要素载体的复杂网络结
构，通过组织间的网络协作，深入整合人力、技术、信息、资本等创新要素，实

① 外国经济学说研究会. 外国经济学讲座 ［M］. 北京：中国社会科学出版社，1981.
② 傅家骥. 技术创新学 ［M］. 北京：清华大学出版社，1998.
③ 吴贵生. 技术创新管理 ［M］. 北京：清华大学出版社，2002.
④ 许庆瑞. 研究、发展与技术创新管理 ［M］. 北京：高等教育出版社，2000.
⑤ 林卸柳. 技术创新经济学 ［M］. 北京：中国经济出版社，1993.
⑥ 陈其荣. 技术创新的哲学视野 ［J］. 复旦大学学报（社会科学版），2000（1）：14－20+75.
⑦ 邹新月，罗发友，李汉通. 技术创新内涵的科学理解及其结论 ［J］. 技术经济，2001（5）：13－
14.

现创新因子有效汇聚，为网络中各个主体带来价值创造，实现各个主体的可持续发展。

关于创新生态系统的发展。早在 20 世纪初，熊彼特就提出了经济进化论，在 20 世纪 80 年代，纳尔逊和温特（1997）出版的《经济变迁的演化进化论》①一书中表明在"二战"过后经济系统将采用生物学隐喻复兴。而美国管理学者 Moore 首次将生态学相关理论引入企业管理领域中，在 1993 年的《哈佛商业评论》中，其通过分析 EBM 等企业的商业竞争战略，证明了商业环境也存在类似自然生态系统中的生物之间的竞争关系，并提出了"商业生态系统"的概念。② Moore 认为商业生态系统是企业与其相关组织、所处环境等相互作用、共同构成的复杂系统。随后，在其 *The Death of Competition：Leadership and Strategy in the age of Business Ecosystem*（1996）一书中系统阐述了商业生态系统理论，将商业生态系统定义为"由相互支持的组织构成的延伸的系统，是消费者、供应商、主要生产者、其他的风险承担者、金融机构、贸易团体、工会政府以及类似政府的组织等的集合。这些集群以特有的自发性、高度的自组织以及某种偶然的形式聚集到一起"③。此外，Moore 还将商业生态系统的演化周期分为开拓期、拓展期、领导期、自我更新或死亡期。随后 Adner（2006）率先开始了"创新生态系统"的研究，他提出创新生态系统是一种协同机制，企业是这种协同机制的主体，它通过将个体与相关者联系起来，实现输出价值的目的。④

关于创新生态系统的内涵。国外学者 Metcalfe 和 Ramlogan（2008）认为构建区域创新生态系统，需要创新主体与其他组织以及周围环境建立密切联系，有效利用全部的知识资源和创新资源。⑤ 米勒等（2002）认为创新生态系统描

---

① 理查德·R. 纳尔逊，悉尼·G. 温特. 经济变迁的演化进化论［M］. 袁林，秦凯，译. 北京：商务印书馆，1997.

② Moore J F. Predators and Prey：A New Ecology of Competition.［J］. Harvard Business Review，1993，71（3）：75-86.

③ Moore J F. The Death of Competition：Leadership and Strategy in the Age of Business Ecosystems［M］. New York：Harper Business，1996.

④ Adner R. Match your Innovation Strategy to your Innovation E-Cosystem［J］. Harvard Business Review，2006，84（4）：98.

⑤ Metcalfe S，Ramlogan R. Innovation Systems and the Competitive Process Indeveloping Economies［J］. The Quarterly Review of Economics and Finance，2008，48（2）：433-446.

述的是一种状态，即新兴的区域产业集群已经形成了创新的"栖息地"，与主体产业相关的不同支持体系和合作组织之间形成了一个相互依赖和共生演进的创新生态体系。① Fukuda 和 Watanabe（2008）借助生物学的生态系统特征类比区域经济中的这种经济实体运行机制：通过优胜劣汰实现产业的可持续发展，从竞争中获得生存发展的经验，实体间是异质协同而不是竞争对立的相互关系。② 美国竞争力委员会在《创新美国——挑战与变革》报告中将创新生态系统定义为由社会经济制度、基本课题研究、金融机构、高等院校、科学技术、人才资源等构成的有机统一体，其核心目标是建立技术创新领导型国家。Zahra 和 Nambisan（2012）则认为创新生态系统是一个基于长期信任关系形成的松散而又相互关联的网络。③

我国学界对创新生态系统的研究主要集中在理论和实践两个层面。在理论内涵方面，黄鲁成（2003，2006）最早总结了区域技术创新生态系统的特性，并系统研究了其生存机制和稳定机制，随后黄鲁成还对区域技术创新生态系统的调节机理和制约因素做出了分析，④⑤ 并给出了健康评价标准（苗红、黄鲁成，2008)⑥。罗亚非和李敦响（2006）在其《区域技术创新生态系统绩效评价研究》一书中发展了黄鲁成的定义，明确了区域创新生态系统的主体构成，并将其划分为创新环境类主体与技术创新类主体。其中，创新环境类主体主要有科技中介、科技金融、政府、知识产权制度、科技风险资金等；技术创新类主体主要有高等教育机构、企业（尤其是高技术企业）和科研机构。⑦ 李昂（2016）、蒙大斌和刘元刚（2017）认为创新生态系统是随着移动网络技术的兴起和创新要素的自由

① 威廉·米勒，玛格丽特·韩柯克，亨利·罗文. 硅谷优势——创新与创业精神的栖息地［M］. 李钟文，等译. 北京：人民出版社，2002.

② Fukuda K, Watanabe C. Japanese and US Perspectives on the National Innovation Ecosystem［J］. Technology in Society, 2008, 30（1）: 49-63.

③ Zahra S A, Nambisan S. Entrepreneurship and Strategic Thinking in Business Ecosystems［J］. Business Horizons, 2012, 55（3）: 219-229.

④ 黄鲁成. 论区域技术创新生态系统的生存机制［J］. 科学管理研究, 2003, 21（2）: 47-51.

⑤ 黄鲁成. 区域技术创新生态系统的稳定机制［J］. 研究与发展管理, 2006, 15（4）: 48-52.

⑥ 苗红，黄鲁成. 区域技术创新生态系统健康评价研究［J］. 科技进步与对策, 2008（8）: 146-149.

⑦ 罗亚非，李敦响. 我国中部6省和京、沪、粤区域技术创新绩效比较研究［J］. 科技进步与对策, 2006（1）: 18-21.

流动，在技术、知识创新与社会形态深度融合的情境下出现的一种创新研究范式。①② 董铠军（2018）结合生态学理论，论述了创新生态系统的本质特征与结构，认为其本质特征是"基于环境的自我调控机制"，并且依照时间、空间不同，存在多样化的动态结构。③ 王凯和邹晓东（2016）进一步指出，通过改进区域制度和提升产学合作网络构建能力，提高区域创新生态系统建设水平，实现创新驱动发展。④ 张贵等（2017）探讨了京津冀创新创业生态共建的可能性，构建了三地创新创业生态系统。⑤ 辜胜阻等（2018）认为，要深化粤港澳三地合作，打造世界一流的创新经济湾区，亟须构建一个充满活力的创新生态系统。⑥

三、创新生态系统结构

1. 创新生态系统构成要素

自然生态系统是由生物群落与无机环境组成的有机整体。在生态系统中，生物与环境、生物与生物之间，通过物质循环、能量流动、信息传递这三种生态功能而相互联系、相互影响、相互依赖。与自然生态系统类似，区域创新生态系统也有着相似的构成要素。

黄鲁成（2003）⑦ 与法国的 Mercier-Laurent（2011）⑧ 均认为区域创新生态系统是由创新复合组织和创新复合环境构成的。Kang 和 Zhou（2017）提出创新生态系统由供应商、高校科研机构、消费者、竞争方组成，这些要素加强了企业知识创新与重构的能力。⑨ 朱迪·埃斯特琳（2010）从狭义的角度指出，创新生

---

① 李昂. 基于系统成熟度的国家创新生态评价指标研究 [J]. 科技管理研究, 2016, 36 (17): 54-60.

② 蒙大斌, 刘元刚. 创新生态系统的生成机理与运行模式研究——基于美国硅谷和天津高新区的对比分析 [J]. 当代经济, 2017 (11): 32-35.

③ 董铠军. 创新生态系统的本质特征与结构 [J]. 科学技术哲学研究, 2018 (10): 118-123.

④ 王凯, 邹晓东. 由国家创新系统到区域创新生态系统——产学协同创新研究的新视域 [J]. 自然辩证法研究, 2016 (9): 97-101.

⑤ 张贵, 李涛, 原慧华. 京津冀协同发展视阈下创新创业生态系统构建研究 [J]. 经济与管理, 2017 (6): 5-11.

⑥ 辜胜阻, 曹冬梅, 杨嵋. 构建粤港澳大湾区创新生态系统的战略思考 [J]. 中国软科学, 2018 (4): 1-9.

⑦ 黄鲁成. 区域技术创新系统研究：生态学的思考 [J]. 科学学研究, 2003, 21 (2): 215-219.

⑧ Mercier-Laurent E. Innovation Ecosystems [M]. London: Willey, 2011.

⑨ Kang L, Zhou M. Analysis on the Meaning, Composition and Structure of Archives' Big Data Ecosystem [Z]. Beijing Archives, 2017.

态系统中的栖息者主要可分为研究、开发和应用三大群落。① Kim 等（2015）②
认为，文化、信息、技术是创新系统的关键。Jackson（2021）则认为知识经济
体与商业经济体是创新生态系统的主要组成部分。③

2. 创新生态结构层次

作为复杂系统的一部分，学者们对创新生态系统的结构区分有不同的观点。
在要素结构分析之外，部分国内学者还对创新生态系统的功能层次结构进行了研
究。值得注意的是，国内学者对创新生态系统结构的划分更具有一般的指导性。
比如，杨荣（2014）在创新生态系统结构研究中将其划分为：核心层、中间层和
外围层三个体系。④ 其中，核心层由创新主体构成，其功能为创新知识的生产、
扩散和利用，创新知识的生产与扩散子体系主要由高校、科研院所、职业培训中
心等知识型机构组成，而创新知识应用与开发子体系主要由核心企业、供应商、
客户、竞争企业和合作伙伴构成；中间层由支持机构组成，包括政府、金融机
构、创业投资机构、中介组织等；外围层属于创新环境层，包括创新基础设施、
创新资源、创新文化和创新激励机制等要素。更具体地，从创新的流程来看，创
新生态系统应该分为知识生态（张向先等⑤，2016；Turaeva and Hornidge⑥，
2013）、技术生态（王坤、王京安⑦，2017；Ajanovic and Haas⑧，2012）、产品生
态（胡京波等⑨，2014）和产业生态（Ehrenfeld and Gertler⑩，2010）四个层次。

① 朱迪·埃斯特琳. 美国创新在衰退 [M]. 闫佳，翁翼飞，译. 北京：机械工业出版社，2010.

② Kim K，Lee W R，Altmann J. SNA-based Innovation Trend Analysis in Software Service Networks
[J]. Electronic Markets，2015，25（1）：61-72.

③ Jackson D J. What is an Innovation Ecosystem？ [EB/OL]. [2021-10-01]. www. researchgate. net/
publication/266414637_ what_ is_ an_ innovation_ ecosystem.

④ 杨荣. 创新生态系统的界定、特征及其构建 [J]. 科学与管理，2014（3）：12-17.

⑤ 张向先，李昆，郭顺利，等. 知识生态视角下企业员工隐性知识转移过程及影响因素研究 [J].
情报科学，2016（10）：134-140.

⑥ Turaeva R，Hornidge A K. From Knowledge Ecology to Innovation Systems：Agricultural Innovations and
Their Diffusion in Uzbekistan [J]. Innovation，2013，15（2）：183-193.

⑦ 王坤，王京安. 技术生态视角下的技术演化分析框架 [J]. 经营与管理，2017（5）：100-102.

⑧ Ajanovic A，Haas R. Technological，Ecological and Economic Perspectives for Alternative Automotive
Technologies up to 2050 [C]. IEEE Third International Conference on Sustainable Energy Technologies，2012.

⑨ 胡京波，欧阳桃花，谭振亚，等. 以 SF 民机转包生产商为核心企业的复杂产品创新生态系统演化
研究 [J]. 管理学报，2014，11（8）：11-16.

⑩ Ehrenfeld J，Gertler N. Industrial Ecology in Practice：The Evolution of Interdependence at Kalundborg
[J]. Journal of Industrial Ecology，2010，1（6）：67-79.

四、创新生态系统指标体系构建相关研究

现有关于区域创新生态系统生态位适宜度的评价指标体系，大多是按照创新主体和创新环境划分的。邵云飞和唐小我（2005）根据其建立的评价指标体系，通过聚类分析法评价了我国区域创新生态系统的创新能力。[①] 陈向东和刘志春（2014）建立态、势、流三维评价指标体系，基于主成分分析，评价分析了中国53 家国家级科技园区的系统健康性。[②] 周大铭（2014）归纳企业在构建创新生态系统时面对的风险类型，并据此构建系统运行风险指标体系，基于 BP 神经网络法对高技术企业开展了评价研究。[③] 郭凯（2014）构建创新型城市的四维评价体系，并结合模糊数学理论和灰色系统理论，分析了河南省洛阳市创新生态系统的健康性。[④] 万立军等（2016）对资源型城市技术创新生态系统进行评价研究，构建了富含资源型城市特点的技术创新生态系统评价指标体系，并用层次分析法对指标权重进行了确定，同时还对该技术创新生态系统效能进行了评价。[⑤] 薛军等（2015）对城市创新生态系统评价指标进行探索研究，在生态学理论的基础上，从系统活力、系统组织能力和系统弹性的角度开发了城市创新生态系统的 ND-MEFE 模型，但是并没有选择具体的指标评价方法。[⑥] Pinto 等（2010）根据劳动力市场、人力资本、经济结构、技术创新四个方面建立评价指标体系，并基于因子分析方法，比较了欧洲 15 个国家，共 175 个地区的创新能力。[⑦]

---

① 邵云飞，唐小我. 中国区域技术创新能力的主成份实证研究 [J]. 管理工程学报，2005（3）：71-76.

② 陈向东，刘志春. 基于创新生态系统观点的我国科技园区发展观测 [J]. 中国软科学，2014（11）：151-161.

③ 周大铭. 企业技术创新生态系统运行风险评价研究 [J]. 科技管理研究，2014（8）：48-51.

④ 郭凯. 基于灰色系统理论与模糊数学的洛阳创新型城市评价研究 [J]. 科技管理研究，2014（5）：49-53.

⑤ 万立军，罗廷，于天军，等. 资源型城市技术创新生态系统评价研究 [J]. 科学管理研究，2016（3）：72-75.

⑥ 薛军，张宇，汤琦. 城市创新生态系统评价指标探索 [J]. 中国科技资源导刊，2015（1）：42-48.

⑦ Pinto, Hugo, and Joao Guerreiro. Innovation Regional Planning and Latent Dimensions：The Case of the Algarve Region [J]. The Annals of Regional Science，2010（44）：315-329.

五、生态位适宜度模型的应用

目前，国内学界针对地区创新生态系统的评价研究数量并不多。在早期的实证分析中，基本采用生态位适宜度的评价模型，或在该模型的基础上进行一些改进和扩展。近年来，已经引入并尝试了一些新的生态方法。最初，生态位适宜度理论被广泛用于城市生态系统的评估。

夏斌等（2008）介绍了珠江三角洲城市群生态系统的生态位适宜性理论，确定了指标权重，并通过建立层次结构，构建判断矩阵，计算权重和检查一致性来评估指标权重。[①] 与自然生态系统不同，城市生态系统更接近创新生态系统的机制，因为它具有更多的人为干预和主观能动性。尽管上述研究未涉及创新生态系统，但其评估方法为建立创新生态系统评估模型提供了指导。覃荔荔等（2011）首先将生态位适宜度引入了区域创新生态系统评估模型。[②] 在模型构建方面，他们引入了二阶缓冲算子来减少冲击干扰对系统数据的影响，借鉴了广义相关的思想，并在基于绝对生态位适宜度的改进的生态位适宜度模型的基础上，构建了一个区域创新系统生态位适宜度模型。该模型不仅可以反映出生态因子的实际值与最优值之间的接近度，而且可以反映出两者相对于测量点的变化速度的接近度，更充分地体现了区域创新生态系统的可持续性。在指标选择方面，选择了创新资源、创新效率、创新潜力和创新活力四个生态因子衡量指标，并设定了 19 个具体的衡量指标来衡量区域创新的可持续性。同时，胡浩等（2011）将广泛应用于动植物生长、发育或繁殖过程研究的 Logistics 方程应用于创新生态系统研究，提出了多创新极共生关系演化动力学模型，并以唐山区域创新生态系统为例，为京津冀等多创新极地区创新生态系统的后续评估提供了理论依据。[③] 在上述研究的基础上，衰千里（2012）进一步优化了生态位适宜性模型，提出了进化动量表达的概念和计算方法可用于评价不同区域的整体适宜度和不同生态环境的适宜度，

① 夏斌，徐建华，张美英，楼旭逵，何绘宇. 珠江三角洲城市生态系统适宜度评价研究［J］. 中国人口·资源与环境，2008，18（6）：178-181.

② 覃荔荔，王道平，周超. 综合生态位适宜度在区域创新系统可持续性评价中的应用［J］. 系统工程理论与实践，2011，31（5）：927-935.

③ 胡浩，李子彪，胡宝民. 区域创新系统多创新极共生演化动力模型［J］. 管理科学学报，2011，14（10）：85-94.

丰富了区域创新生态系统评估模型。① 随后，郭燕青等（2015）考虑到创新生态系统的时空因素对其增长评估的影响，引入了一个加权弱化缓冲算子来削弱系统的外部环境资源和时间因素对系统数据的干扰，并采用生态位优先模型，明确了系统内部环境资源中生态因素的使用和占有，进一步优化了生态位适宜度模型。② 鉴于创新生态系统内部关系的复杂性和不确定性，郭燕青团队于2016年将Vague集理论扩展到了创新生态系统的生态位适宜度评估问题，并提出了Vague集超生态位的概念。与上述生态位适宜度模型不同，孙丽文和李跃（2017）针对生态位重叠现象，利用生物种群的Logistics模型研究了区域创新生态系统中竞争与合作的演化。③ 区域创新生态系统的创新主题演化机制是对京津冀地区创新生态系统的有针对性的解释和评估。

六、熵权法的应用

在信息熵理论的启发下，国外学者开始使用熵理论研究公司财务风险。Hsieh等（2001）以房地产开发行业为例，使用熵的理论方法找到了该行业的关键财务比率，并为应对金融危机提供了新的理论方法。④ 国外学者对金融风险评估和预警模型的研究很多，但通过对多种金融风险预警模型的比较分析，Odom和Sharda（1990）发现，熵权法可以有效地克服复杂和冗余的信息处理过程，提高信息的利用率和准确性。与其他金融风险预测模型相比，它具有更广泛的适用性。⑤ 在熵权法的理论研究中，研究者经常将其与其他方法结合使用。Ko等⑥

---

① 苌千里. 基于生态位适宜度理论的区域创新系统评价研究［J］. 经济研究导刊，2012（13）：170-171+178.

② 郭燕青，姚远，徐菁鸿. 基于生态位适宜度的创新生态系统评价模型［J］. 统计与决策，2015（15）：13-16.

③ 孙丽文，李跃. 京津冀区域创新生态系统生态位适宜度评价［J］. 科技进步与对策，2017，34（4）：47-53.

④ Hsieh，Ting-ya，Wang，Morris H. -L. Finding Critical Financial Ratios for Taiwan's Property Development firms in Recession［J］. Logistics Information Management，2001，14（5/6）：401-413.

⑤ M D Odom，Sharda R. A Neural Network Model for Bankruptcy Prediction［C］. 1990 IJCNN International Joint Conference On，1990.

⑥ Ko L J，Blocher E J，Lin P P. Prediction of Corporate Financial Distress：An Application of the Composite rule Induction System［J］. International Journal of Digital Accounting Research，2001，1（30）：69-85.

（2001）将熵权法与决策树理论相结合，Wang 和 Li[①]（2007）将熵权法与数据推理理论相结合来进行金融风险预测。姚彦之（1987）在乌鲁木齐举行的首届"熵与交叉科学研讨会"上就熵的概念和原理进行了热烈的讨论，并对熵在各个领域的应用进行了深入研究，掀起了我国系统性研究熵理论的热潮。[②] 随后，关于熵的理论文献逐渐增多，其主要研究领域包括系统工程、物理学、经济学等。中国学者对熵理论的应用经历了从认知、重视到广泛应用的过程。朱久山（1992）介绍了熵原理，并以高校新生入学为例，说明了熵原理在评价中的应用。[③] 韩根秀（2001）介绍了熵的原理，并提出了熵可以应用于许多领域，并可以指导人们形成正确的价值取向。[④] 在对熵理论有了全面的了解之后，学者们将精力集中在熵的应用上。方兆娃（1989）系统地介绍了 19 世纪至 20 世纪的熵理论，并较早地讨论了经济熵的概念和熵的世界观，且提出了它是否可以推广。[⑤] 从那时起，学者们引入了广义熵的概念，以试图扩展熵的理论研究。经过对熵理论的全面理解，学者们认识到熵可以有更广泛的应用，并在各个领域开辟了熵权法的研究与实践。总体而言，熵权法在国内学术研究中的应用领域主要包括生态环境评价（贾艳红等[⑥]，2006；吴开亚[⑦]，2003）、电网技术方案优化（罗毅、李昱龙[⑧]，2013）、社会学研究（侯国林、黄震方[⑨]，2010；李帅等[⑩]，2014）以及财务风险评估（韦兰英[⑪]，2014）等。

① Z Wang, H Li. Financial Distress Prediction of Chinese Listed Companies: A rough Set Methodology [J]. Chinese Management Studies, 2007, 1（2）: 93-110.

② 姚彦之."熵与交叉科学研讨会"在乌鲁木齐召开 [J]. 地震地质, 1987（4）: 94.

③ 朱久山. 关于熵的原理和它在评估中的应用 [J]. 黑龙江教育学院学报, 1992（1）: 95-96.

④ 韩根秀. 熵和熵的应用 [J]. 内蒙古师范大学学报（教育科学版）, 2001（4）: 9-11.

⑤ 方兆娃. 熵概念的泛化 [J]. 自然杂志, 1989（2）: 90-97.

⑥ 贾艳红, 赵军, 南忠仁, 等. 基于熵权法的草原生态安全评价——以甘肃牧区为例 [J]. 生态学杂志, 2006（8）: 1003-1008.

⑦ 吴开亚. 主成分投影法在区域生态安全评价中的应用 [J]. 中国软科学, 2003（9）: 123-126.

⑧ 罗毅, 李昱龙. 基于熵权法和灰色关联分析法的输电网规划方案综合决策 [J]. 电网技术, 2013, 37（1）: 77-81.

⑨ 侯国林, 黄震方. 旅游地社区参与度熵权层次分析评价模型与应用 [J]. 地理研究, 2010, 29（10）: 1802-1813.

⑩ 李帅, 魏虹, 倪细炉, 等. 基于层次分析法和熵权法的宁夏城市人居环境质量评价 [J]. 应用生态学报, 2014, 25（9）: 2700-2708.

⑪ 韦兰英. 港口行业上市企业财务风险评价研究 [J]. 市场论坛, 2014（11）: 44-46.

七、创新生态系统的评价研究

1. 区域创新能力评价

区域创新能力是指区域将新知识转化为新产品、新流程和新服务的能力。其核心是促进创新机构之间的互动和联系，这体现在为区域社会经济体系作出贡献的能力上。

Braczyk 等（1998）从发展潜力的角度分析了区域基础设施、公司组织和区域政策的差异，并将欧洲 11 个地区分为高潜力、中潜力和低潜力三个层次。[1] 邵云飞和唐小我（2005）基于聚类分析建立的评价指标体系，对我国区域创新生态系统的创新能力进行了评价。[2] 郭丽娟等（2011）采用主基底分析的变量筛选方法构建约简变量集，然后使用主成分分析两次降低约简变量集的维数，进而构建了综合评价模型，并通过该评价模型分析了 30 个地区的创新能力。[3] Sunyang Chung（2002）根据创新实体的数量和质量将韩国区域创新生态系统分为了高、中、低三个级别。[4] Rondé 和 Hussler（2005）建立了一个知识生产方程，用于比较和评估法国的 94 个地区，研究发现公司的地理位置邻近性促进了知识溢出和知识流动。[5] Pinto 和 Guerreiro（2010）建立了基于劳动力市场、人力资本、经济结构和技术创新四个方面的评估指标体系，并应用因子分析方法，比较了 15 个欧洲国家的 175 个地区的创新能力。[6] 易平涛等（2016）针对专家的主观判断影响评价结果客观性的问题，提出了一种客观序关系分析法，并采用客观序关系分析方法对 2009~2013 年我国东部地区 11 个省份的区域创新能力进行了评价，并

① Braczyk H J, Cooke P, Heidenreich M. Regional Innovation Systems: Designing for the Future [M]. London: UCL Press, 1998.

② 邵云飞，唐小我. 中国区域技术创新能力的主成份实证研究 [J]. 管理工程学报，2005（3）：71-76.

③ 郭丽娟，仪彬，关蓉，王志云. 简约指标体系下的区域创新能力评价——基于主基底变量筛选和主成分分析方法 [J]. 系统工程，2011，29（7）：34-40.

④ Sunyang Chung. Building a National Innovation System through Regional Innovation Systems [J]. Technovation, 2002, 22（8）：485-491.

⑤ Patrick Rondé, Hussler C. Innovation in Regions: What does Really Matter? [J]. Research Policy, 2005, 34（8）：1150-1172.

⑥ Pinto H, Guerreiro J. Innovation Regional Planning and Latent Dimensions: The Case of The Algarve Region [J]. Annals of Regional Ence, 2010, 44（2）：315-329.

在此基础上提出了相关的政策建议。① 姜文仙和张慧晴（2019）以珠江三角洲地区为例，运用 Min-Max 标准化分析方法对 2010 年至 2015 年该地区的创新能力进行了评估。②

2. 区域创新绩效评价

区域创新绩效评价主要是研究某个区域实现技术创新的资源利用和分配效率。Zabala 等（2007）基于 DEA 测量并比较了欧洲创新系统的绩效。③ 从生态学的角度来看，吴雷（2009）建立了包括经济效益、环境效益和社会效益三个主要指标的评价指标体系，④ 并基于 CCR 模型和 GSS 模型进行数据包络分析，评估了黑龙江省技术创新的效益。罗亚非（2010）使用主成分分析衡量了中国 30 个省市创新生态系统的绩效。⑤ 冯志军和陈伟（2014）优化了产业集群知识创新效率的计算方法，基于资源受限的两阶段 DEA 模型，将工业研发过程分解为技术开发阶段和经济转型阶段，并据此计算出了中国 17 个细分高科技产业的技术创新效率。⑥ 李林等（2015）根据专家问卷调查，筛选了产业集群知识协作创新绩效评价体系的指标，并根据指标特点，采用能够避免评价信息丢失的二元语义模型进行评价，以提高评估的准确性。最后，使用实证研究验证了此评估模型的有效性。⑦ 陈志宗（2016）基于 DEA 模型，从超效率、吸引力价值和改进价值三个方面评估了我国 31 个省份的创新绩效。⑧

3. 系统健康性评价

系统健康性反映了区域创新生态系统对外部紧急情况的抵御能力以及系统运

① 易平涛，李伟伟，郭亚军. 基于指标特征分析的区域创新能力评价及实证［J］. 科研管理，2016，37（S1）：371-378.

② 姜文仙，张慧晴. 珠三角区域创新能力评价研究［J］. 科技管理研究，2019，39（8）：39-47.

③ Zabala-Iturriagagoitia J M，Voigt P，Gutiérrez-Gracia A，et al. Regional Innovation Systems：How to Assess Performance［J］. Regional Studies，2007，41（5）：661-672.

④ 吴雷. 基于 DEA 方法的企业生态技术创新绩效评价研究［J］. 科技进步与对策，2009（18）：114-117.

⑤ 罗亚非. 区域技术创新生态系统绩效评价研究［M］. 北京：经济科学出版社，2010.

⑥ 冯志军，陈伟. 中国高技术产业研发创新效率研究——基于资源约束型两阶段 DEA 模型的新视角［J］. 系统工程理论与实践，2014，34（5）：1202-1212.

⑦ 李林，刘志华，王雨婧. 区域科技协同创新绩效评价［J］. 系统管理学报，2015，24（4）：563-568.

⑧ 陈志宗. 基于超效率-背景依赖 DEA 的区域创新系统评价［J］. 科研管理，2016，37（S1）：362-370.

行状态。生态系统健康是系统管理的目标。通过评估和研究系统的健康状况，一方面我们可以更全面地描述创新系统的状态，另一方面我们可以找到创新系统的薄弱环节，并相应地对改进做出响应。

　　黄鲁成等（2007）从生态学的角度分析了高新技术产业集群的生态特征，阐述了创新体系健康评价的范围和概念。[①] 苗红和黄鲁成（2008）解释了区域创新生态系统健康的内涵，介绍了系统健康性评估的研究方法，确定了系统健康评估标准，并根据建立的模型对苏州科技园区的系统健康进行了评估。[②] 刘学理和王兴元（2011）选择模糊综合评价方法分析了影响高科技品牌技术创新风险的各种因素，并据此建立了系统的风险评价模型。[③] 陈向东和刘志春（2014）基于主成分分析，建立了包含态、流、势三个维度的创新生态系统评价指标体系，对我国53个国家科技园区的系统健康状况进行了评价和分析。[④] 周大铭（2014）总结了企业在构建创新生态系统时面临的风险类型，并以此为基础，建立了系统运行风险指标体系，并基于 BP 神经网络方法对高新技术企业进行了评估研究。[⑤] 郭凯（2014）结合模糊数学理论和灰色系统理论，构建了创新型城市的多维评价体系，并对河南洛阳的创新型生态系统进行了健康分析。[⑥] 刘丹（2015）使用主成分分析评估和分析了中国 31 个省份的民营企业家创新生态系统的成熟度。[⑦] 孙琪（2016）使用 TOPSIS 法分析研究浙江省高新技术产业的创新生态系统。[⑧] 许晶荣等（2016）基于多层模糊综合评价方法，对"世界水谷"创新生态系统的健康

　　① 黄鲁成，张淑谦，王吉武．管理新视角——高新区健康评价研究的生态学分析［J］．科学学与科学技术管理，2007（3）：5-9．

　　② 苗红，黄鲁成．区域技术创新生态系统健康评价研究［J］．科技进步与对策，2008（8）：146-149．

　　③ 刘学理，王兴元．高科技品牌生态系统的技术创新风险评价［J］．科技进步与对策，2011，28（8）：115-118．

　　④ 陈向东，刘志春．基于创新生态系统观点的我国科技园区发展观测［J］．中国软科学，2014（11）：151-161．

　　⑤ 周大铭．企业技术创新生态系统运行风险评价研究［J］．科技管理研究，2014，34（8）：48-51．

　　⑥ 郭凯．基于灰色系统理论与模糊数学的洛阳创新型城市评价研究［J］．科技管理研究，2014，34（5）：49-53．

　　⑦ 刘丹．中国民营企业家创新生态系统的成熟度评价研究［D］．沈阳：辽宁大学博士学位论文，2015．

　　⑧ 孙琪．基于熵值法和 TOPSIS 法的浙江省产业技术创新生态系统评价［J］．商业经济研究，2016（7）：212-215．

状况进行了分析和评价。① 许小苍和刘俊丽（2016）构建了产业生态创新系统评价指标体系和模糊综合评价模型，并将该模型应用于重庆市产业生态创新系统健康评价的实证研究。②

4. 区域创新效率评价

区域创新效率是指区域创新技术的效率。创新效率与生产力不同，是涉及研发领域的效率。

Fritsch（2002）使用改进的 Cobb-Douglas 生产函数来测量和分析 11 个欧洲国家的区域创新效率，发现研发活动的效率受到了产业集群的显著影响，而技术聚集则促进了研发活动的效率。③ 一些学者从企业层面定量讨论了创新效率的概念。Cosh 等（2005）使用 DEA 和 SFA 方法分别讨论了管理和合作方式下企业的创新绩效。④ Zhang 等（2003）使用 SFA 方法比较了我国不同所有制公司的 R&D 效率。⑤ 基于区域性观点衡量创新效率方面，国内学者马大来等⑥（2017）和李婧⑦（2013）从空间经济学的角度研究了我国创新效率的收敛性，发现我国整体创新效率较低。

八、创新生态系统运行

创新生态系统是基于主体的不断发展的系统。在这个过程中，由于主体性能、属性和其他自身因素的变化，整个生态系统的功能和结构也会相应地进行调整。创新生态系统演化过程中形成的机制有助于系统中的主体与环境和其他

① 许晶荣，徐敏，张阳．"世界水谷"协同创新生态系统构建及其评价 [J]．水利经济，2016, 34（1）：60-63+77+85.

② 许小苍，刘俊丽．基于模糊综合评价法的重庆产业生态创新系统健康状态与趋势实证研究 [J]．海南金融，2016（6）：32-38.

③ Fritsch M. Measuring the Quality of Regional Innovation Systems：A Knowledge Production Function Approach [J]．International Regional Science Review，2002, 25（1）：86-101.

④ Cosh A. Hughes A，Fu X．Management Characteristics，Collaboration and Innovative Efficiency：Evidence from UK Survey Data [Z]．Centre for Business Research Working Paper，2005.

⑤ Zhang A. Zhang Y.，Zhao R. A Study on the R&D Efficiency and Productivity of Chinese Firms [J]．Journal of Comparative Economics，2003（31）：444-464.

⑥ 马大来，陈仲常，王玲．中国区域创新效率的收敛性研究：基于空间经济学视角 [J]．管理工程学报，2017（1）：71-78.

⑦ 李婧．基于动态空间面板模型的中国区域创新集聚研究 [J]．中国经济问题，2013（6）：56-66.

主体进行通信。关于创新生态系统运行机制的研究一直是创新生态系统研究领域的热门话题。在创新生态系统中，降低创新风险，合理配置资源，加强协作，合理分配利益和协调环境，都需要合理的运行机制作为保证，一套完整的运行机制可以确保创新生态系统的平稳运行，增强创新能力，保持区域经济协调可持续发展。

包宇航和于丽英（2017）等国内学者将创新生态系统的演化过程分为了形成期、扩展成熟期和转型期三个阶段。[①] 他们分析了不同阶段的运作机制，并分析了各种机制之间的相互作用，以促进创新生态系统的不断发展。其中，在创新生态系统的形成时期，为了满足不断变化的客户需求、公司需要综合考虑市场需求、自身的能力和资源环境，并将它们之间的关系引入企业创新过程中，使其自身成为创新生态系统中的有机体。因此，这一时期形成的资源整合机制和商业模式创新机制是推动企业成为创新生态系统有机体的驱动机制。在创新生态系统的扩展成熟期，通过持续不断的创新能力置换，系统中的主体具有自生、自我复制、自我成长和自适应的特性，这些相互作用的主体通过系统人才的流通、资本的流动和知识的溢出建立关系。因此，这一时期形成的技术创新机制和能力整合机制是一种激励机制，可以帮助企业确定创新生态系统中的特定市场。在创新生态系统的转型时期，公司可以收集创新资源并与其他主体进行协作。因此，这一时期形成的耦合机制和竞争机制是企业在创新生态中形成自己的创新生态领域的驱动因素。此外，有的学者在创新生态系统研究中基于创新生态系统基本功能进行机制设计研究，陈伟（2017）从科技型中小企业视角出发提出了基于技术平台的共生式创新机制，基于专利交叉许可的定价机制，基于"生态位"的决策机制，基于"谈判力"的利益协调机制以及基于专用性资产的投资锁定机制。[②] 屠凤娜（2016）认为，在创新生态系统中创新主体、创新服务、创新环境会受到产业资源配置不合理、科研转化率不高、协同创新度低等因素的制约，所以在创新生态系统构建中形成动力机制、协调整合机制和保障机制等多层面运行机制至关

① 包宇航，于丽英. 创新生态系统视角下企业创新能力的提升研究 [J]. 科技管理研究，2017，37（6）：1-6.

② 陈伟. 基于科技型中小企业视角的企业创新生态系统治理机制分析 [J]. 商业经济研究，2017（11）：98-99.

重要。[①] Xu 等（2018）在他们的论文中开发了 S-T-B 生态系统框架。[②] 该框架进一步分析了生态系统中科学、技术和商业层的相互作用。在此基础上，可以绘制四象限图来表示关于"整合价值链"和"互动网络"的跨层分析中的创新途径。

第三节　研究评述

创新范式从早期的线性范式到创新体系。再到今天的创新生态系统时代，人们对创新的理论认知和实践经验都在不断深化。关于创新驱动的研究已从早期的关注静态的创新要素构成逐渐转变为关注创新要素集聚、创新主体的网络联系和创新制度环境的动态演化机制。对创新规律的认识逐渐扩展到创新的系统性和复杂性，对创新的生态化和动态演化都有了更深的认知。创新生态系统理论作为一个比较新的理论，是结合生态学与管理学的交叉学科。对创新生态系统的研究与应用，是对产业集群技术创新领域的新拓展，将对区域创新效率的提高以及社会资源的有效利用等方面提供新的思路和方法。虽然创新生态系统的研究受到了学者的广泛关注，但是由于理论发展时间相对较短，既有的创新生态系统研究还存在很多不足之处亟待改进。

首先，创新生态系统理论借鉴于自然生态理论，现有的大多文献的学理分析建构于生态学隐喻之上，对创新生态的内涵、特征和演化机理等理论的剖析过于理论化、虚拟化。

其次，缺少实证分析检验。现有研究大多只是面向结果的评价，没有具体分析区域创新生态系统的优劣势，未将创新生态系统理论应用于特定区域范围内提升区域创新能力和创新环境活力进行研究，且对于与实践经验相结合的总结过少。从创新生态系统研究领域的纵向拓展来看，虽然既有研究涉及企业、产业、

① 屠凤娜. 京津冀产业协同创新生态系统运行机制研究［J］. 城市, 2016（3）: 22-25.

② Xu G, Wu Y, Minshall T, et al. Exploring Mnovation Ecosystems across Science, Technology, and Business: A Case of 3D Printing in China［J］. Technological Forecasting & Social Change, 2018（136）: 208-221.

区域等不同层面，但是目前来说，既有研究的焦点还是集中在企业层面的创新生态系统研究上。随着世界经济全球化的深入发展，区域创新能力已成为区域经济取得国际竞争力的根本性条件。因此，构建区域创新系统已经成为实现经济持续健康发展的重要战略选择。而且，由于创新具有空间范围集聚的属性和资源要求，所以在区域层面分析创新生态系统可以使创新生态系统的演化规律更为明确。因此，需要将更多的关注点放在区域创新生态系统上。

从创新生态系统研究的横向理论延伸来看，由于学者对创新生态系统的关注点不同，形成了形形色色的创新生态系统研究，如数字创新生态系统、知识创新生态系统、开放式创新生态系统、产品创新生态系统。虽然从内涵、结构及运行上对创新生态系统基本理论进行了一定的分析，但是这些分析结果呈现出碎片化发展的趋势，使对于创新生态系统基础理论的认识一片混沌。

目前，学者们对创新生态系统类型、阶段的研究以及创新物种如何通过互动关系和角色扮演促进创新生态系统诞生和发展的了解仍然有限。此外，缺少对创新与金融链、创新与技术链、创新与产业链融合机制等宏观议题的针对性研究，缺少具有可操作性的科学对策。

第四章 创新模式与适应性分析

第一节 基于多主体的产学研协同创新模式

一、创新模式一元、二元、三元演化过程

1. 一元创新模式

纵观科学和技术的整个历史发展过程，在工业革命之前，普遍的现象是科学活动和大量的技术活动两相分离，不仅在智力上如此，在社会学意义上也是如此。与之相适应，这一时期国家层面在创新上的主要模式我们可以概括为一元创新模式。

在这一时期中，科学与技术的发展是平行线模式，这个时期的技术可以看成与这个时期的科学并不相干的领域。这个时期的科学研究，主要是为了探索科学自身，其目的并不是为了指导实践并创造价值。这个时期在社会生活领域的创新主要是指技术创新，主要产生于行业和手工场内部，国家层面并没有专门的机构、法规和政策，也未在经济上对创新行为进行支持和资助。

一元创新模式就是行业和手工业主自发进行的技术创新模式，这种创新模式往往带有偶然性，通过在生产过程中偶然的一个发现来促进技术的进步与提高。当然，这一时期的军事领域存在着国家对技术创新的支持，但力度不是很

大，因为在这个时期的技术长期保持着比较稳定的趋势，技术的演化和更新非常缓慢。

2. 二元创新模式

技术与科学开始结合是在第一次技术革命深入发展的时期，这一时期还没有表现出相互融合的趋势。在这一时期，开明的统治者和政治家意识到了工业发展对一国国力的重要性，开始了政策上和经济上对技术创新和发展的支持，从而导致了国家的创新模式逐渐转入了"政府—产业"的二元创新模式。

随着科学与技术的日趋融合，高校的科研活动与产业和商业机会发生了重合的现象，高校在发展的过程中派生出促使区域经济与社会发展的新使命，"高校—产业"的二元关系通过一系列的组织形式建立了起来，"高校—产业"这种二元创新模式最终得以形成。

科学和工业，科学文化和技术文化在历史上融合在一起一般认为是从 19 世纪开始的。从历史上看，在 19 世纪以前，应用科学是极其有限的。然而，进入 19 世纪，几项具有变革性事物的出现，使得从希腊时代沿袭下来的科学和技术相分离的传统终于被打破，理论科学和工业开始紧密联系起来。当然，在许多情况下，科学和技术仍然是分离的，但是在工业化背景下，19 世纪出现的那些应用科学的新苗头却代表了历史的方向，影响巨大。[①] 进入 20 世纪后，科学和技术由不相关或相关很小逐渐走向了日益融合的趋势，技术普遍被人们认为是科学的应用，这种观点说明了科学和技术融合的强劲趋势和程度。在第二次技术革命时期，一系列重大科学发现涌现并获得了应用，比如麦克斯韦建立的电磁场理论为交流电应用和传输技术打下了基础，赫兹电磁波实验的成功为无线电技术打下了基础。这一时期出现了科学领先技术发展的局面，并逐渐形成科学、技术与生产的一体化过程。该过程以科学研究和技术开发（以下简称"研究与开发"）为核心，增加知识的总量，进而运用这些知识形成产业并创造价值。研究与开发一般要经过基础研究、应用研究和开发研究三个环节。其中，基础研究是科学层面的，是对客观世界规律和事实的研究，它的成果难以立即产生经济效益；应用研

---

① 詹妮斯·E. 麦克莱伦第三，哈罗德·多恩. 世界史上的科学技术［M］. 王鸣阳，译. 上海：上海科技教育出版社，2003.

究和开发研究是技术层面的，应用研究是提出技术原理或基于原理的技术发明；开发研究是运用并发展应用研究，选择和寻找各种能够应用于社会生产的技术原理方法和工艺方案，技术开发是科研成果的物化环节，对于技术创新能否成功具有重要意义。

3. 三元创新模式

随着现代科学与技术的日益融合，现代科学技术的发展日益形成"科学—技术—生产"三位一体化的双向、动态的科学技术体系结构模式。这种日益融合的一体化的体系结构，不仅揭示了现代科学技术发展的规律，即科学、技术、生产这三大部类相辅相成，协同发展，不可偏废一方，也推动了当代社会对于创新模式的建构向三元结构的转化，即随着高校和研发机构作为企业之外重要的创新主体加入到创新活动中来，形成了"政府—高校（研发机构）—产业"的三螺旋创新模式。

三螺旋创新模式的出现，刻画了当今时代政府、高校（研发机构）、产业这三个主要机构之间相互作用、相互联系的变化与特点。在不同的经济体制中，三螺旋的平衡性和各条螺旋的地位是不一样的。在自由市场主义体制中，产业螺旋线起着主体的作用；在国家干预主义体制中，由于政府具有强大的控制力并左右着产业和高校的发展，政府螺旋线在国家创新模式的建构和发展中起着主导性的作用。

从总体上说，三螺旋创新模式就是指"政府—高校（科研机构）—产业"这三方在创新过程中密切合作、相互作用，同时每一方都保持自己的独立身份。"政府—高校（研发机构）—产业"三方之间的良性互动是改善创新条件的关键。在进入以知识为基础的社会后，高校和研发机构作为新知识新技术的主要来源，在创新中的地位越来越重要，逐渐处于一种核心地位；政府作为契约关系的保证，在政策和部分经济上对创新进行支持，保证三方稳定的相互作用和交换；产业作为经济社会的物质生产部门，其功能是把研发转化为产品。

这三个机构的功能形成你中有我、我中有你的格局，每一个机构都具备另外两个机构的部分能力，且每一个机构都保留了自己的原有的功能和独特的部分。同时，机构之间存在着相互作用和交换。在相互作用和相互联系的过程中，三螺旋创新模式中的每一个机构会获得进行进一步协同的能力，并促进和支持其他机构的创新，这样的过程有力地推动了创新的持续发展。产学研合作创新的动力主要有利益驱动、市场导向、资金支持、环境动力四大方面，如图4-1所示。

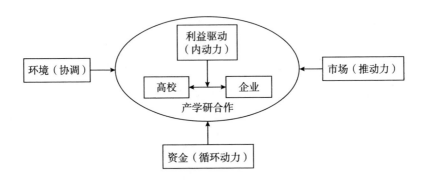

图4-1　产学研合作动力作用

根据合作的主导方不同，可划分为政府主导型产学研合作模式、企业主导型产学研合作模式、高校主导型产学研合作模式和科研院所主导型产学研合作模式。

二、政府型的合作创新模式

政府又被称为国家行政机关，它是依法成立的，负责执行国家行政工作，履行国家行政管理职能的机关。政府在产学研合作过程中起着统筹、领导、协调以及服务的作用。政府主导型产学研合作模式是指政府部门基于实现国家或地区的发展目标，利用其宏观调控的优势，以制定相关政策为手段为产学研有效开展创造良好的内外部环境的合作模式。因为政府是合作的主导力量，它的意图和行为强烈地作用于其他主体合作的具体进程，甚至是合作的最终结果，具有战略性、高效性和综合性等特点。政府主导型产学研合作模式分为政府主持型和政府推动型两类。

1. 政府主持型合作模式

所谓政府主持型是指一国政府根据国家发展的需要主持的，由高校、科研机构、企业广泛参与的产学研合作。政府主持的产学研合作模式是一种旨在解决科技、经济发展过程中的重大问题和关键性问题的大规模的联合行动。政府主持型模式不仅出现在我国的计划经济时代，而且也存在于国际科技竞争日益激烈的今天。政府主持型模式涉及较多的与国家安全有关的战略性技术，多有国家计划的支撑和国家财政资金的支持。

政府主持型模式的结构中，政府是真正的主体，力量强大。企业、高校和科研院所是执行主体，隶属于各自的政府主管部门，并根据主管部门的指令和要求来组成产学研合作创新的联合体，各主体之间相互作用的程度比较微弱（见图4-2）。

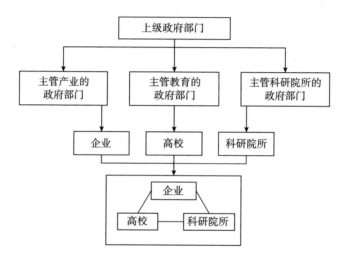

图4-2 政府主持型合作创新模式

政府主持型模式的功能方面，表现为通过产学研合作创新，我国实现了国防建设的目标，带动了科技的发展，促进了工业经济和社会的进步，也培养了一大批社会主义的建设人才。最重要的是，该种合作方式是我国产学研合作创新模式建立的开端，以后的各种模式都是在这个基础上产生和发展起来的。

2. 政府推动型合作模式

所谓推动模式，是指在政府产学研合作政策的引导下，企业、高校和研究机构根据自身需求形成的产学研合作模式。政府驱动模式直接体现在政府可以通过科技计划或科技政策建立以企业为主体的创新领域产学研合作引导机制。在政府推动模式的结构中，各学科在产学研合作创新过程中的关系较为密切。政府、企业、高校、科研机构都是主体。政府处于主体地位，发挥决策指挥、协调管理、评价监督、信息交流服务等作用。高校和科研院所凭借其科研能力发挥核心作用。同时，政府相关部门为产学研合作创新提供中介服务，但社会中介机构和民间基金会的作用并不突出。如图4-3所示。

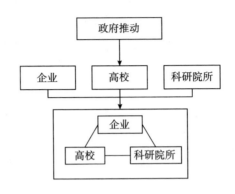

图4-3 政府推动型合作创新模式

三、企业型的合作创新模式

企业是指依照《公司法》或者《企业法》成立的，从事生产、流通、服务等活动的，经济上实行独立核算的营利性法人。企业为社会提供的是产品、劳务和服务，其依法取得法人资格，依法独立享有民事权利和承担民事义务。

企业主导型产学研合作模式是指企业为了弥补自身科研和创新能力的不足，为获取最大的经济利益而主动寻求与高校、科研院所的合作，且在合作中始终处于主导地位并承担相应的研发和成果转化风险的合作模式。在该模式下，企业既要致力于自身研发能力的提升，又要与高校、科研机构进行合作。在这一模式中，企业处于主体地位，它的需求决定着高校和科研机构的研发活动的内容、形式和范围（见图4-4）。

该模式的建立主要基于企业对利润的不懈追求所导致的对创新特别是技术创新的迫切希望。希普尔认为，只有那些从创新中获得可观利润的人才会创新，期望从某类创新中获取最可观利润的企业会比其他企业投入更多的资金，并最终将

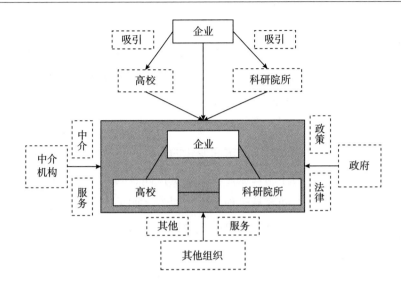

图 4-4 企业型的合作创新模式

其他企业赶出市场。[①] 该模式中,企业为了创造利润,不仅要提高自身的研发能力,还要吸引高校和科研院所参与自身的产品开发和市场开拓。高校和科研院所则向企业提供技术支持、咨询和服务,以委托开发、合作开发、共建研究机构等方式进行合作。

在企业主导型模式的结构中,企业处于主导地位,更确切地说是核心地位,在合作对象的选择、相互关系的紧密程度以及利益分配方面占据主动权,但也承担最多的风险。高校和科研院所积极参与企业的研究开发。政府则主要是提供一些政策支持和知识产权保护方面的法律环境。社会中介机构开始积极发挥作用,提供中介服务。其他组织,如私人基金会等一般是提供资金赞助等其他服务。

企业主导型模式的功能主要体现在以下三个方面:①有利于增强企业的技术创新能力和竞争优势。一方面,企业作为自主经营、自负盈亏、自我发展的市场经济实体,要参与激烈的市场竞争,客观上要提高自身的技术创新能力;另一方面,从主观上来讲,企业本身需要生存与发展,技术创新能力是企业价值链的一个重要组成部分。企业是各种技术的一个集合体。技术包含于企业的每一价值活

---

① 埃里克·冯·希普尔. 技术创新的源泉 [M]. 柳卸林,等译. 北京:科学技术文献出版社,1997.

动中，而技术变革实际上对任何活动都产生影响，从而影响竞争。① 但一般企业难以完成整个技术开发过程，必须借助其他组织的研发能力，包括高校和研究院所。而通过这种合作模式，企业可以筑巢引凤，充分吸收和利用高校和科研院所的研发能力。②这种模式是科技成果商品化、市场化的一个重要途径。一项新的技术，需要经过实验、中试、市场检验等一系列过程。以企业为主导的产学研合作创新模式，可以及时获取市场需求和变化的信息，迅速完成这一过程，实现市场化目标。③中介机构的作用日益显现。由于目标、利益等方面的因素，企业和高校、科研院所、政府之间容易出现矛盾和纠纷，如果说需要在它们的接触面之间加点润滑剂的话，那么社会中介机构无疑是最好的选择。

然而，企业主导型合作模式在实际应用中须注意以下四个方面的问题：①企业和科研机构是两个法人主体，而且在兼并之前，企业和科研院所在管理、观念等方面存在的差异较大，因而企业在兼并科研院所之前，一定要对科研院所进行适应性重组和多方位的整合，使科研院所在科研方向、人事制度、分配制度等诸方面与企业的运行机制接轨。②科研院所要根据自身的性质和实际的条件选择合适的进入模式，在共同利益的驱动下以及双方利益兼顾的前提下，直接为企业生产提供服务，成为以满足特定企业生产经营为主要目标的研究开发部。③企业文化和科研院所文化的差异性会加大双方协调的困难程度，因而要全面调整企业和研究院所的组织机构，使研究院所有机地融入企业体系中，以一体化企业体制，保证追求技术价值的研究路线服从于企业的以商业价值观为基础的逐利行为。④体制的设计，必须给予研究部门相对的独立权力，以避免技术研究全部服从于急功近利的项目，保证技术创新的后劲，这关系到企业的长远利益。

四、高校和科研院所型的合作创新模式

高校是指依法成立，在完成高级中等教育基础上实施教育的学校。包括高校、独立设置的学院和高等专科学校，其中包括高等职业学校和成人高等学校。科研院所是指依法成立的，根据国家社会发展过程中经济建设和科学技术进步的需要，以进行基础研究、应用研究和各类技术研究开发为中心的事业法人。科研

---

① 迈克尔．波特．竞争优势［M］．陈小悦，译．北京：华夏出版社，1997.

院所可分为三类，即社会独立的科研院所、从属于高等院校的科研院所以及高等院校各院系本身。对于最后一类需要做出解释：高等院校除教育职能外，还有科研职能，而且科研职能的重要性正日渐发展为与教育同等地位并有赶超之势。所以作为高等院校下属的具体院系，在实施教学的同时也有科研的职责在内。因为在高校主导型的产学研合作模式中已经包括高校中的科研机构，这里所指的科研院所主要指自主经营、自负盈亏的社会独立法人实体，不包括政府部门的直属院所和高校内部的科研院所。

高校和科研院所主导型产学研合作模式主要是指高校和科研院所发挥的科研优势，通过技术转让、专利出售等方式向企业转移，或通过科技合作、高校科技园、成立研发中心等形式，以达到获取科研资源和促进科研成果向生产力转化。在该模式下，高校和科研机构始终处于主导地位，决定研发内容、合作对象，并独立承担研发风险。

1. 高校主导型合作创新模式

在与企业的合作过程中，高校凭借自身享有知识和人才优势，直接参与企业的技术创新，负责创新中的某些片段或全过程，帮助企业将技术投入生产，形成生产能力，并承担大部分的技术风险。当然，高校是非营利性组织，采用该模式也并非为了实现自身经济价值的最大化，而是为了更好地实现技术创新的社会价值，具体表现形式有技术转让、专利出售、高新技术创新基地孵化器、高校科技园等。

在高校主导型模式的结构中，高校处于主导地位，由于提供的技术往往是企业发展的核心力量，所以其可以决定合作对象与合作关系的紧密程度，享有利益分配方面的优势。高校与企业合作，有利于科技成果的转化，实现其市场化目标，为学生实践提供场地。政府和中介机构等组织所发挥的作用与企业主导型模式中发挥的作用基本相同（见图4-5）。

高校主导型模式的功能主要体现在以下三个方面：①拓宽了高校的经费筹集渠道。②有利于高校的科技成果转化，更好地实现高校的科学研究和社会服务功能。通过与企业的合作，高校可便捷地把成熟的或阶段性的科研成果进行市场化。③有助于中小企业的发展。中小企业由于技术力量薄弱，借助高校的科研力量，可以实现技术创新。

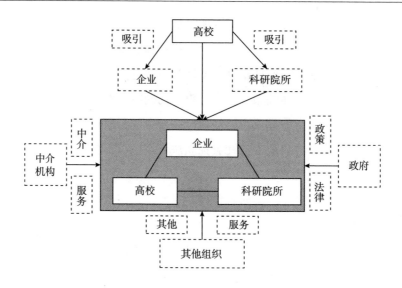

图4-5　高校主导型合作创新模式

然而，高校主导型的产学研合作模式，对于高校的条件有一定的要求，首先，高校应具有很强的基础、应用、开发研究能力；其次，高校不仅要具有较强的科技能力，而且还必须具有新科技产品化、新工艺制造等能力；最后，高校不仅要具有科研、生产等实力，而且还必须具有协调科研生产、营销等方面的组织、控制能力。

高校的基本职能是培养人才。但是随着科学技术以及经济的密切交流和合作，科学研究对于经济所产生的作用越来越大，这样的话，就迫切需要高校必须改变以往的那种象牙塔内搞学术科研的封闭状态，将高科技创新活动纳入高校自身的活动领域之内。正如美国学者沃尔马克的研究结果所揭示的那样：现今衡量高校科研产出的指标已不仅仅局限于研究生学位的授予数量和科技论文的发表数量，专利数量和孵化公司的数量正日益成为评价高校科研成效的重要方面。教育、科研和技术创新三者互动式的发展，已经成为当今高校的主导成长模式。与此同时，高校教师的研究方式也在发生转移，不同于传统的对纯科学知识的自由探索式的研究风格，当今高校教师的研究活动具有了更强的目的性和功利性。据罗伯特和彼德对美国麻省理工学院的调查结果，约70%的教师在研究活动中设置了商业化的目标或有商业化的设想，这一事实进一步证实了技术创新活动已经被吸纳进了现代高校的功能之中。随着经济和社会发展的需要，高等院校主导型的产学研合作模式已经受到了各国政府的重视，并且采取了一系列相应的措施和政策予以扶持。内部一体化模式是这种模式比较典型的代表。①

内部一体化模式是指高校通过开办企业的方式，通过组织创新将自身的技术研究成果转化为产业生产力。20 世纪 80 年代以来，我国涌现出许多高科技校办企业，形成了典型的内部一体化模式。这些高科技校办企业依托高校的人才、技术等资源优势，推动了高校科研活动与现实经济的联系。在这种内部一体化模式下，校办企业具有相对的技术优势和人才优势，股权相对而言比较集中，经营管理人员一般是通过学校的委派去管理企业，具有较强的技术背景知识。这些成为了高科技校办企业的鲜明特色。

2. 科研院所企业化模式

所谓科研院所企业化模式是指科研院所由事业单位变为企业单位，走自负盈亏，自收自支，以自己所创的效益来发展科研的道路，并通过企业化的管理实现从科研运行机制向企业运作机制的转变。

科研院所企业化模式的特征、结构、功能等与高校主导型模式有很大的相似性，表现形式也主要为技术转让、专利出售等。只是在这种模式下，科研机构处于主导地位，吸引企业和高校合作建立创新联合体，实现与高校在科研方面的强强联合和互补性联合，促使企业承担实现市场化目标的责任，政府和中介机构等组织提供各自的服务，发挥积极的作用（见图4-6）。

科研院所企业化模式的优势主要表现在以下三个方面：①使科研院所直接面向经济主战场，从而跳出了单纯的"研究和开发"功能；②加快了科技潜在生产力向现实生产力转化的速度；③解决了原有科研院所体制僵化，经费短缺的问题，改善了自身的经济状况，提高了科技人员的积极性，有利于科研院所的生存和发展。

科研院所企业化模式的主要局限性是：由于企业和科研院所在内部机制方面存在很大的差异，因而在实施的过程中会遇到很多意想不到的困难。因此，科研院所在企业化之前必须要调整以研究开发为主，以生产经营为辅的布局，逐步向

---

① 郭小川．合作技术创新北京［M］．北京：经济管理出版社，2001．

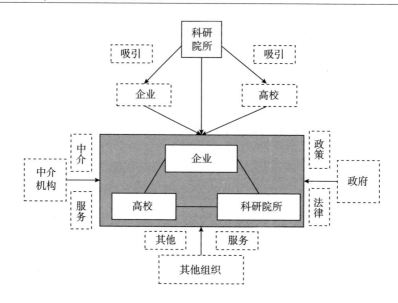

图 4-6　科研院所主导型合作创新模式

生产经济为中心，研究开发为后盾的模式转变。只有这样科研院所才能够在市场竞争中发挥优势，立于不败之地。

五、基于三方主体联合分工视角下的产学研合作模式

鉴于产学研合作过程中，产学研主体之间相互协调能力差，产学研合作效率不高的现状，在前文产学研合作模式的基础上，接下来将探讨各个主体积极参与、充分发挥主体优势，实现资源优势互补的产学研合作模式。这种合作模式由于三方主体的参与，在合作过程中需要解决的矛盾比较多。本部分将基于三方主体（三个法人代表）联合分工，对产学研合作的各种模式进行分类，并讨论各种模式的优势以及局限性。

所谓三方主体联合分工模式是指狭义上的产学研三方主体（高等院校、科研机构和企业）在各自拥有原来体制的条件下，为实现科技成果转化、人才培养等目标而利用各方优势、分工协作的模式。联合参与模式主要是就前一部分产学研单一主体创新模式而言的，联合参与模式更能体现三方功能上的优势互补。因为就高校和科研机构而言，他们的优势是：拥有科学技术、信息资源、高层次的人

才等优势；而劣势就是：对市场不甚了解，投入不足，使有些先进的科技成果难以转化为生产力；同时偏重于研究，与经济建设联系不够紧密。而企业的优势是：拥有实力雄厚的生产设备、众多的生产队伍和资金，直接服务于经济建设主战场；但企业的劣势在于缺乏适合本企业发展的技术成果、科技人才以及自主研发能力。因而三方主体共同参与下的产学研合作模式已成为当今社会的一种主流。

三方联合参与的模式是多种多样的，具体表现为以下七类：①技术转让模式；②委托培养模式；③联合攻关模式；④共建科研基地模式；⑤组建研发实体模式；⑥高校科技园模式；⑦人才联合培养和人才交流模式。接下来将对这些模式的内涵以及优势和局限性进行分析。

1. 技术转让模式

技术转让模式是产学研各方主体以契约的方式对专利技术、技术秘密、实施许可等无形资产进行使用权转让的一种经济法律行为。技术转让的产学研合作模式最常见的形式是科研院所、高校出让技术，企业接受技术。技术转让模式是目前产学研合作最普遍的一种模式，并且呈逐年增长的趋势。

技术转让模式的优势主要表现为：第一，技术转让一般以契约为依托，因而权责比较分明，一旦产生纠纷，也能够通过技术合同进行调整；第二，从技术转让的成果来看，技术成果一般是现有的和特定的，往往比较完整和成熟，因而能在短期内促进转让方科研成果的产业化。

然而，技术转让模式也存在着一些局限性：首先，这种结合模式是高新技术产业化方式的最初探索，是一种比较松散的结合模式，对于技术创新缺乏持续的刺激，以技术转让为形式的产学研合作一般为一次性的转让行为，合作多是停留在表面层次；其次，技术转让的往往是企业合意的技术，因而其合作的关系会随着技术转让的结束而终结；最后，由于我国的知识产权保护尚未走上规范化、法制化的轨道，这在一定程度上也影响了产学研合作的效果。

技术转让模式的表现形式主要有两种：一种是高校针对自己的工作实践提出的课题或者通过一定的渠道申请的纵向课题开展研究，取得成果后再寻找渠道将成果提供给企业；另一种是高校教师提出课题，物色企业，由企业提供资助，或者企业根据市场的需要和自身的发展战略向学校、科研机构提出项目，提供经费，学校科研取得的成果直接流向企业。对于前者，一方面缺乏市场调研；另一方面学校很多成果处于实验室实验阶段，不一定成熟可靠。对此，美国的一项调查显示，这种成果中的50%被生产单位和市场证明是不可靠的；有30%尽管生产单位与市场证明是可行的，但在商业上难以成功。对于后者，由于企业对市场需求规律比较熟悉，看准的项目研究开发价值很大，科研工作针对性强，产品开发既着眼于市场需求，又考虑到了企业的生产条件，科研成果的成熟度高，容易转化。因此，为了使科技成果更快、更易地转化为现实的生产力，应该大力提倡、鼓励第二种形式的技术转让模式。

技术转让模式属于典型的市场经济行为，往往比较注重短期效益，忽略持续创新，主要适用于科研院所、高校中应用研究成果的转让。在这种模式中，政府的作用比较有限，主要是制定政策、提供信息、促进交流和牵线搭桥等。在具体的实践中，技术转让合同体现了产学研合作主体间的合意契约，是技术转让成败的关键。一般情况下，转让方将技术交由受让方后，并不丧失对技术成果的所有权，而受让方只是取得了对该项技术的使用权，因而合同期限会受到特别的关注，但从实践来看，合同期限一般较长。

2. 委托培养模式

委托培养模式是指委托方将所需研发活动委托给受委托方而进行的一种法律经济行为。在这种模式中，企业委托科研院所、高校的专家对新产品、新技术、新工艺等进行研究开发。在这种合作模式中，企业提出需求、提供资金，科研院所、高校负责项目开发。

这种模式的优势体现在两个方面：一是委托方在提供资金、承担风险的同时，有可能获得具有一定市场价值的科技成果，而受托方获得科研经费后，有利于对课题的深入研究；二是这种模式是以契约的形式来约束产学研三方主体，因而权责比较清晰，利益纠纷比较少。

这种模式的局限性集中表现为：受制于合作伙伴的实力、课题的任务和资金以及合作的周期。这种模式也是典型的市场经济行为，适用于企业研发经费比较充足、技术要求相对比较明确，科研院所和高校的科研机构研究基础比较好、研究实力较强的状况。政府在这一模式中的主要作用是提供信息以及信息交流的平台。在合作的实践当中，委托方先依据技术需要寻找和遴选受托方，受托方再依据研究基础同委托方进行切磋，进而形成合作合意，之后委托方和受托方则要根据切磋的内容签订合同。合同成立后，合作模式方可实施。在这种模式中，需要各方主体的诚信和交流，同时更需要合同对于双方权益的保护。

3. 联合攻关模式

联合攻关模式是针对某一个课题而言的，产学研各方主体共同努力寻找解决方法的一种产学研合作模式。联合攻关模式大多数情况下是以课题为载体的，以课题组为依托，由产学研各方派出人员组成临时性的研发团队进行研究开发。

这种模式的优势是：能够充分发挥产学研各方主体的力量，加快对科研课题项目的攻关；使产学研各方的研发能力得到了锻炼；有利于企业与高校、科研机构的合作网络关系的形成，使企业界能够更加有效地利用高校和科研机构的资源，同时使高校和科研机构的研究更具有经济性特征。

这种模式的局限性是：合作研究的目标比较单一，难以形成持续的创新动力；随着科研课题的完成，科研小组也归于解散，难以形成相对稳定的研究团队，不利于知识的积累，不利于产学研各方的深入合作。

在这种模式中，产学研各方必须以诚信为基础，以契约为纽带。同时，政府的作用也相当重要，其相关的鼓励和支持政策的出台和实施，对于引导产学研联合攻关将起到非常重要的作用。

4. 共建科研基地模式

共建科研基地模式是指企业、科研院所、高校分别投入一定比例的资金、人力和设备共同建立联合研发机构、联合实验室和工程技术中心等科研基地。目前主要有两种形式：一是高校、科研院所与企业共建研究和开发机构，各方共同选择高新技术开发课题，由企业提供研究经费，高校和科研院所提供人才和技术，并吸收企业高技术人才参与研发工作；二是高校和企业共建中试基地，实验室工作由高校负责，企业在高校研究人员指导下进行中间试验，中间试验成功投入工业化生产后按合同规定方式分成。

共建科研基地模式的优势是：共建科研基地模式可以为企业储备技术和人才，对于企业研发能力的持续提高有非常大的作用；科研基地可以使企业对高校和科研院所的某些专业领域的技术创新进行持续的投入，使高校和科研院所的研究更加贴近市场需求，同时能够缩短技术成果产业化的进程；使三方主体的优势可以充分地发挥，高校和科研院所具有基础理论知识扎实、实验手段先进、研发能力强的优势，而企业则具有技术开发、生产过程技术化的优势，因而三方结合可以充分地发挥它们的优势。

共建科研基地模式的局限性是：合作各方必须有强烈的合作意向，有共同的合作方向，而且在产学研组织与合作制度等各方面都要达成一致；需要合作各方或者至少有一方具有较强的经济实力。因而这种模式比较适合那些资金雄厚的大企业，资金短缺的小企业则很难参与。

5. 组建研发实体模式

组建研发实体模式是指产学研各方通过出资或者是技术入股的形式组建研发实体，进行技术开发或者技术经营。目前主要有两种形式：一是建立产业与科研联合体，也就是高校、科研院所与企业共同研制、开发、生产，组成研、产、销一条龙的高科技研发实体。其特点是结合高校科研机构的科技开发优势和企业的生产经营能力优势，采取有限责任公司的运转模式组建紧密型的产学研联合体，最终组成一种新型的科技企业。二是技术入股，合作生产。其特点是多采取股份制合作形式，高校和科研院所以高科技成果折算成股份向企业投资入股，共享利益，共担风险。

这种模式的优势是：企业降低技术开发成本的同时拥有了自己的核心技术或者专利技术，而科研院所、高校既有了新的科研基地又带来了长期的经济效益；这种合作模式通过股权分配的方式解决了产学研各方的权益分配问题，利益纠纷不易发生，既适用于实力较强、目光长远的大型企业与科研机构、高校的长期合作，也适合一些有潜力的中、小企业通过组建研发实体来加强自己的研发能力，从而发展自己的技术创新能力。

这种模式的局限性是：要求合作各方必须以公司的理念进行经营和管理，而公司是追求利润最大化的组织，因此在合作中经济利益一般被放在第一位，因而经常会发生一些不利于高等院校和科研机构发展的情况；这种模式经常出现技术入股的情况，这时由于技术属于公司，在技术观念与经营观念发生冲突时，常常不利于技术的进步。

6. 高校科技园模式

高校科技园模式是指以高校为依托，通过创办科技企业或高技术公司，实行研发、开发和生产相结合，来促进科技成果转化为商品和产业的产学研合作发展模式。具体而言是指依托高校的科技和人才优势，利用高校多年来积累的科技成果、人文环境、区域特征和基础设施条件以及国家的优惠政策，建立良好的创新创业环境，以促进高校科技成果转化、培育高新技术企业和企业家为宗旨的科技企业孵化器。①

高校科技园模式主要有以下两个显著特征：一是高校科技园模式是以高校为主导创办的，主要以高校的资源为依托；二是高校科技园的任务是孵化和发展高新技术产业。

高校科技园模式的主要优势是：高校可以通过各种形式和途径，把自己的高科技成果扩散到工业园的企业当中去，从而带动经济的发展；高校科技园把高校科学技术成果、高科技人才同社会上的资金结合起来，孵化出高新技术企业，有利于实现技术的产业化；在该模式下，高新技术成果的转化能够促进高校技术水平的提高，专业设置的科学化和合理化，以及教学内容的更新，进而促进教学质量的提高。

但是在目前的发展状况下，高校科技园这种产学研合作模式还存在着一些局限性，具体表现在四个方面：一是发展所需的资金不足，特别是科研经费投入较低，从而阻碍了企业技术创新能力的提高；二是规模不大，聚集效益差，抗市场风险能力和国际竞争能力低；三是功能错位，协同度不高，表现为部分工业园侧重于吸引资金，混同于经济开发区，园区内的企业协同度较低，协同效益不显著；四是运行机制滞后，园区内的企业没有真正按照现代企业制度来建设，产权制度、经营管理体制均滞后于发展的需要，政府和园内企业的关系没有真正做到政企分开。

7. 人才联合培养和人才交流模式

所谓人才联合培养和人才交流模式是指高校、科研机构和企业界通过设置人才培养专项基金、高校教授和研究人员担任企业顾问、高校生在企业实习、企业人员在高校和科研机构进行培训、共建教学实践基地等多种形式进行人才联合培养和人才交流，以促进产学研各方面的知识交流和知识创新。对于高校而言，采取这样的模式主要是为了培养高素质创新应用型人才。而这种模式也

---

① 黄亲国. 中国高校科技园发展［M］. 北京：人民出版社，2007.

适应了现代社会发展和提高人才培养质量的客观需求，加强了高等院校同社会的联系，成功地为社会培养了动手能力和适应能力较强的各种层次、各种规格的实用型人才。

这种模式的优势是：通过人员的流动，增进了产学研各方的知识交流与相互了解，有利于促进产学研各方的进一步合作；企业研究人员受到了专门机构专门知识的培训，增加了企业对于基础理论和前沿技术的了解和认识；扩大了高级科技人才的作用范围，使人才的培养更加符合社会发展的需要。

这种模式的局限性是：人才联合培养和人才交流有时是临时的，有时是公益的，不一定能够带来产学研各方的深入合作；人才培养只是停留在人力资源流动的层次，不能使产学研各方的人力资源进行深度的组合。

第二节　创新生态系统创新模式适应性分析

一、复杂适应系统理论

复杂适应系统是一类十分常见、很普遍的复杂系统，许多系统都具有复杂适应系统的特点，特别是有人（适应能力主体）参与的系统，更是一种典型的复杂适应系统，要对这类具有人的智能性、主动性和适应性的复杂系统进行有效的研究，采用传统的方法已经不能完全反映事物的本质特性。因此，应用复杂适应系统理论观点进行相关研究，对于解决社会、企业等复杂适应系统中的问题具有重要的意义。

复杂适应系统（Complex Adaptive Systems，CAS）理论是霍兰于 1994 年在圣菲研究所（SFI）成立 10 周年时正式提出的。在圣菲研究所的乌拉姆系列讲座的首次报告会上，霍兰以"复杂创造简单"为题做了演讲。[①] 在该演讲报告中，他

---

① 霍兰. 隐秩序：适应性造就复杂性［M］. 周晓牧，韩晖，译. 上海：上海科技教育出版社，2000.

在多年的研究成果基础上，提出了关于复杂适应系统的比较完整的理论。

霍兰根据以往研究遗传算法和系统模拟的经验，提出了复杂适应系统理论，指出了复杂适应系统在适应和演化过程中的七个要素，即聚集（Aggregation）、标识（Tagging）、非线性（Non-linearity）、流（Flows）、多样性（Diversity）、内部模型（Internal Models）、构件（Building Blocks）。在这七个要素中，聚集、非线性、流、多样性是个体的特性，而标识、内部模型、构件则是个体与个体、个体与环境互相作用时的机制。霍兰还指出，同时具有这七个要素的，均为复杂适应系统。①

复杂适应系统理论应用范围很广，可以用在工程、生物、经济、管理、军事、政治、社会等各个方面。②~⑦经济科学可以说是 CAS 理论产生的最主要的背景，也是 CAS 理论最先得到应用的领域。把经济系统看作一个由具有适应性的主体构成的、处于不断演化过程中的复杂系统，这种新的思路为经济科学开辟了一个更为广阔的新天地。加上对策论等新方法的应用，使得经济学的理论取得了一系列新的突破。生态系统是由生物群落及其生存环境共同组成的动态平衡系统。从 CAS 理论的角度看，生态系统中整个物种的运动规律和行为规则构成了整个生态系统演化规律的基础。生态系统宏观形态和状况的变化，常常可以从微观物种的变化中找到意想不到的缘由，从而为环境保护措施与政策的制定和选择提供依据。

① Holland J H. Emergence：From Chaos to Order［M］. Addison-Wesley：Publishing Company, 1998.

② 迟妍, 谭跃进, 邓宏钟. 基于多主体建模仿真技术在军事复杂性中的应用研究进展［M］//宋学峰. 复杂性与科学性研究进展：全国第一、二届复杂性科学学术研讨会论文集. 北京：科学出版社, 2004.

③ Grafen A. Modelling in Behavioral Ecology［J］. In Krebs and Davies, 1991：9-31.

④ Marco A Janssen, Brian H. Walker, Jennv Langridge, Nick Abel. An adaptive Agent Model for Analyzing Co-evolution of Management and Policies in a Complex Rangeland System［J］. Ecological Modelling, 2000（131）：249-268.

⑤ A Martin Wildberger. Complex Adaptive Systems-concepts and Power Industry Applications［J］. IEEE Control System, 1997（12）：77-88.

⑥ Lee Fleming, Olav Sorenson. Technology as a Complex Adaptive System：Evidence from Patent Data［J］. Research Policy, 2001（30）：1019-1039.

⑦ Samuel Bow Les, Astrid Hopf Ensitz. The Coevolution of Individual Behaviors and Social Institutions［R］. Working Papers in Economics, 2002.

二、创新生态系统创新模式复杂适应性分析

1. 聚集

"聚集"主要是指主体通过"黏着"形成较大的所谓多主体的聚集体，从而导致层次的出现。由于主体具有这样的属性，它们可以在一定的条件下，在双方彼此接受时组成一个新的主体——聚集体，在系统中像一个独立的个体那样行动。同类主体（Agents）的聚集形成介主体（Meta-agents），从而导致层次的涌现。但并不是任意两个主体都可以聚集在一起，只有那些为了完成共同功能的主体才存在这种聚集关系。聚集不是简单的合并，也不是消灭个体的吞并，而是新的类型的、更高层次上的个体的出现，原来的个体并没有消失，而是在新的更适宜自己生存的环境中得到发展。在复杂系统的演变过程中，较小的、较低层次的个体通过某种特定的方式结合起来，形成较大的、较高层次的个体，这是一个关键的步骤，往往是宏观形态发生的转折点。①

政府、企业、高校和科研机构是创新的有机载体，因此本书把创新生态系统中的政府、企业、高校和科研机构称为主体，这些主体具有主动性和适应性，他们有自己的目标、取向，能够在与环境的交流互动中有"目的、有方向"地改变自己原有的行为方式和结构，以更好地适应环境。创新生态系统创新模式具有典型的复杂性，由具有主动性的主体组成，创新生态系统所包含的单主体创新模式通过某种组织形式聚集成上层的多主体创新模式，上层的多主体创新模式又能够聚集成更上层的联合主体创新模式，组成 CAS 典型的谱系结构。这些创新主体在一起就能够形成创新生态的子系统，形成具有一定综合性的创新集合，在某一创新阶段具有某一特定职能，而不同的创新子系统又聚集在一起，构成创新生态这一整体，共同完成技术创新的最终目标。在上述主体不断聚集的过程中，创新生态系统内部的知识结构及层次不断形成，而主体的这种聚集是为了完成同一功能——实现获取长期稳定竞争优势这一共同目标。如图 4-7 所示。

---

① 周健，李必强．供应链组织的复杂适应性特征及其推论［J］．运筹与管理，2004（6）：120-125.

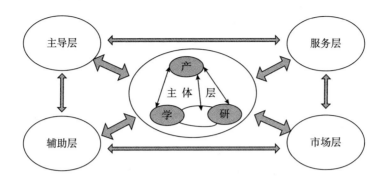

图4-7　多层次产学研合作创新运作模式

2. 非线性

"非线性"是指个体以及它们的属性在发生变化时，并非遵从简单的线性关系，个体之间相互影响不是简单的、被动的、单向的因果关系，而是主动的"适应"关系，从而导致主体之间、层次之间的相互关系并不构成简单的"整体等于部分之和"的线性关系，而是产生诸如混沌、分型、分岔等复杂的非线性耦合关系。非线性是线性的反面，包括两个层面的含义：一是叠加原理不成立，即 $f(ax+by) \neq af(x)+bf(y)$，这意味着 x、y 之间存在着耦合，对 $(ax+by)$ 的操作，等于分别对 x 和 y 操作外，再加上对 x 与 y 的交叉项(耦合项)的操作，或者 x、y 是不连续（有突变或者断裂）、不可微（有折点）的。二是变量间的变化率不是恒量。

CAS理论认为个体之间相互影响不是简单的、被动的、单向的因果关系，而是主动的适应关系，以往"历史"会留下痕迹，以往的"经验"会影响将来的行为。在这种情况下，线性的、简单的、直线式的因果链已经不复存在，实际情况往往是各种反馈交互影响、相互缠绕的复杂关系。正因如此，复杂系统的行为才会如此难以预测，才会经历曲折的进化，呈现出丰富多彩的性质和状态。

创新生态系统是典型的非线性系统，表现出了强烈的非线性特征，比如创新生态系统不具有加和性。单个主体创新能力的增强并不意味着多主体合作创新能力的增强，各个创新主体的增强并不意味着创新生态子系统的增强。同时，无论怎样努力划分，创新生态系统内各创新主体与创新子系统之间的知识范围都不能完全划分清楚，创新生态系统内各种知识交叉、重复、冲突、空白的现象长期存在。此外，创新生态系统的系统输入和创新生态的演进并不是正相关的，虽然可以运用各种手段来消除创新生态系统的不确定性，但是依然不能控制创新生态系统目标的实现程度，且系统内外的任何微小的偶然的变化，都可能使得整个系统产生不可控制的结果。①

3. 流

"流"是指在个体与环境以及个体相互之间存在着物质流、能量流和信息流。系统越是复杂，信息、能量和物质交换就越发频繁，各种流也就越发错综复杂。这些流的渠道是否通畅，周转是否迅速，都直接影响系统的演化过程。另外，流可以看成一种资源，是有方向的，且可以沿着该方向实现一方资源价值的增值。

创新生态系统可以认为是一个创新主体之间的功能耦合网。之所以说它是一个"网"而不是"链"，在于强调它的层次性和并行性。通过这个网，各层次的创新主体之间以及知识创新主体与环境之间进行着物质、能量和信息的交流。

物质、能量和信息是构成现实世界的三大要素，三要素相互联系、相互制约。信息对物质、能量具有依赖性。同时，信息又可以脱离物质、能量而单独进行搜集、整理、加工、传递、存储等活动。由于物质不灭、能量守恒，凡涉及物质、能量的系统属性都是加和性的，即整体等于部分之和。创新生态系统的复杂适应特征不可能使世界的物质和能量有所增减，因此必定与信息有关，因为只有信息是不守恒的，可以共享、可以增值。从信息角度刻画整体与部分关系的特征都是非加和性的。世界是由简单到复杂不断演化的，复杂性的增减并不意味着物质、能量的增减，而归根结底是信息的变化和增减。因此，知识经济时代，信息成为新的经济增长要素。

4. 多样性

"多样性"是指复杂适应系统在适应过程中，由于种种原因，个体之间的差别会发展与扩大，最终形成分化。多样性与聚集结合起来看体现了宏观尺度上的"结构"的"涌现"，即所谓"自组织现象"的出现。社会经济系统的复杂多变以及创新主体不可能有固定的常规创新模式正体现于此。一般来说，多样性包含

---

① 颜泽贤，陈忠，等．复杂系统理论［M］．北京：人民出版社，1993.

两方面的内容，一方面是可能性的多样性，另一方面是稳态的多样性。前者为涌现现象的发生提供了条件，而后者则为演化（稳态的跃迁）开辟了可能的途径。

创新生态系统的主体和他们的行为方式具有多样性的特征。创新单元和创新要素的多样性体现在创新的非单一化、创新模式表现的多元化、创新模式形成来源的广泛化等方面。创新模式的多样性在外部主要体现在创新要素或提供的创新服务平台的多样性、合作创新的国际化以及创新信息来源的多渠道上。

创新生态系统的多样性是一个动态模式，是创新生态系统与环境之间不断适应的结果。每一次新的适应都为进一步的相互作用和新的生态位开辟了可能。多样性使创新生态系统能保持动态稳定的特征，不论是一个创新生态系统整体还是构成该系统的子系统内都存在着不同层次的多样性。一方面，创新生态系统中不同的知识主体所具有的要素是以不同的资源作为支撑的，其创新能力表现及价值实现层面上所体现出的特性也满足多样性的特点。另一方面，创新模式呈现出类型的多样性、构成的多样性，同时在创新模式不断适应环境变化的过程中，还体现出特性的多样性、相互关系的多样性以及层次的多样性。但是创新生态系统的多样性并不仅仅表现为彼此之间的不同，多样性往往是系统内部不同主体之间相互作用的结果。创新生态系统需要不断适应环境，同时也需要不断提升自身能力，在这个过程中，创新生态系统会经历平衡—不平衡—平衡的循环往复过程。每一次平衡态与非平衡态之间的转变都需要通过对创新生态系统内部各单元和要素（子系统）之间的相互作用关系加以调整才能实现。创新生态系统内部各主体通过不断的"学习"以及"经验积累"来逐步完善自身，改善相互之间的作用模式，进而实现系统主体之间以及主体与环境之间的不断适应，而这一过程也正是创新生态系统多样性的形成过程。①

5. 标识

本书在对"聚集"进行描述时就已经提到过，并非所有的主体都可以聚集在一起，只有那些为了完成共同功能的主体之间才存在这种聚集关系，而这种共同的功能需要赋予一种可以辨认的形式，该形式即是标识。标识是实行信息交流

① 杜慧滨，顾培亮，陈卫东. 基于复杂性科学的组织管理［J］. 洛阳师范学院学报，2002（5）：125-128.

的关键，能够实现识别和选择的行为。在创新生态系统中，标识如同纽带，由它所引导的聚集形成了主体之间的功能耦合。合作创新模式在由少到多，由单一到综合的发展、创造过程中会发生创新生态系统结构的涌现，而在涌现过程中，标识既是创新生态系统形成过程中的生成物，又是创新生态系统引导不同知识主体聚集方向的一个图标，同时它又反过来促进了创新生态系统进一步的发育和成熟。[①]

6. 内部模型

复杂系统是由简单—复杂的若干层次构成的，每个层次可视为一个内部模型，它会与模型外部发生关系。在构造复杂适应系统时，可以将描述其属性的指标体系合理组合、搭配，从而构建出所需要的各种子系统模型。创新生态系统中的创新主体要适应外界环境就必须对外在的刺激做出适当的反应，而反应的方式是由内部模型所决定的。创新生态系统的平衡既是一种状态，又是一种过程，而处于平衡状态的内部模型常常作为创新主体间描述和预言彼此行为的依据。但是，平衡状态又不是绝对静止的，一个较低水平的平衡状态，通过创新主体和环境的相互作用，就会过渡到一个较高水平的平衡状态。平衡的这种连续不断的发展，就是创新生态系统的发展演化过程。

内部模型，盖尔曼和皮亚杰均称之为 Schema（译为图式或格局），它实际上代表了创新主体对外在刺激的反应能力。它可以是创新生态系统主体在适应环境过程中的一个行为规则，可以是对现实可能状态的一个预期，也可以是一个概念、一个符号等。例如，市场需求的快速变化会使创新生态系统在其演化过程中着重发展自身的创新能力，市场中一项新的生产技术或生产工艺的问世又会促使各创新主体加快其研发知识的创新，以期尽快赶上同行业的平均技术水平。因此，内部模型可以认为是创新生态系统主体在某个时段内行为规则的集合，以及创新主体对该集合中各规则的一个评价体系（比如可以认为就是该集合的一个概率分布，它反映了创新主体对各规则的偏好程度），它直接决定了创新生态系统主体与环境相互作用的方式。可以说，创新生态系统的内部模型表征生态系统主体的功能，并且通过行为规则集合所包含的元素的数量和集合中元素的可变异性

① 张光明，宁宣熙. 扩展型企业的复杂系统特征及管理哲学探讨 [J]. 工业技术经济，2004（6）：40-42.

两方面来体现其多样性。

7. 构件

复杂系统由若干个简单个体构成，在新个体的基础上会形成更复杂的个体。复杂系统常常是相对简单的一些部分通过改变组合方式而形成的。因此，事实上的复杂性往往不在于构筑块的多少和大小，而在于原有构筑块重新组合的方式。构件其实就是子系统已经建立起的稳态。在很多情况下，旧的内部模型常常扮演构件的角色，通过重新组合而生成新的内部模型。霍兰认为，如果一个基因群有足够的统一性和稳定性，那么这个基因群通常就可作为更大的基因群的构筑块。复杂系统中某一个层次上突现出来的内部模型稳态作为更高层次上的一个构件参与与其他构件之间的相互作用与耦合。

根据以上的讨论不难发现创新生态系统具有类似于分形（Fractal）的特点。创新生态系统是由若干子系统耦合而成的一个关系网，而每一个子系统又是更低层次的子系统耦合而成的关系网，并且不论是从结构还是从功能上来看，每一层次子系统的内部结构以及耦合方式都与更高层次及更低层次的系统相似。由多层次构件构成的创新生态系统具有多层次、多功能的结构，每一层次均是构筑上一层次的基本单元，同时又对下一层次的单元起支配和控制作用。创新生态系统创新模式各个层次上的个体均具有智能性、适应性、主动性等特征，创新生态系统发展过程中，个体的性能参数在变，个体的功能、属性也在变，整个创新生态系统创新模式的结构、功能也产生相应的变化，创新主体的创新能力也在不断提升。①

通过上述分析可以看出，创新生态系统创新模式具备复杂适应系统的七大要素，创新生态系统创新模式的各创新单元或要素（子系统）具有自主的判断和行为的能力、与其他创新单元或要素（子系统）之间交互（信息、能量和物质）的能力以及对环境适应的能力，并且具有相互依赖性，还能根据其他创新单元或要素（子系统）的行为以及环境的变化不断修正自身的行为规则，以便与整个系统和环境相适应。根据复杂适应系统理论，可以判定创新生态系统是比较典型的一类复杂适应系统，它具备复杂适应系统的典型特征及现象，其发展演化也符合 CAS 的规律。

---

① 刘洪，刘志迎．论经济系统的特征［J］．系统辩证学学报，1999（7）：29-32.

第五章　山西省创新生态系统现状分析

第一节　创新主体

区域创新生态系统主要是由创新群落的创新物种构成的，它包含了多个创新物种。高等院校、科研机构和企业是创新物种主体，也是知识创新体系的主力军，是新知识和新技术的创造者和应用者。①

一、高校

高校是创新生态系统的重要组成部分，主要承担着培养人才、科学研究以及技术扩散等职能。2019 年《政府工作报告》强调，要推进"双一流"建设，努力提升国家科研实力。"双一流"的提出将有助于促进高校科研体制完善与管理创新，加快科研水平提高，对构建创新生态系统起着重要作用。② 在生态学上，高校处于创新链的最前端，其技术创新活动多由政府出资支持。

近年来，山西高校科技创新能力逐步增长，各高校积极响应山西经济转型发

---

① 黄振强. 杭州区域创新生态系统构建的路径与对策研究［D］. 杭州：中共浙江省委党校硕士学位论文，2017.
② 李彦华，张月婷，牛蕾. 中国高校科研效率评价：以中国"双一流"高校为例［J］. 统计与决策，2019，35（17）：108-111.

展需求，针对山西产业发展状况，加强科技创新与企业发展、经济转型相结合，加大研发成果的转化力度，在山西经济转型发展中起到重要作用。

据统计，2014～2019 年，山西省高等院校数量、高等学校专任教师数量、在校学生、招收学生以及毕业学生均呈上升趋势（见表 5-1）。由图 5-1 和表 5-1 可知，截至 2019 年，山西高等院校共 82 所，其中，公办本科 23 所，占比 28%；民办本科 10 所，占比 12%；公办专科 44 所，占比 54%；民办专科 5 所，占比 6%。高等院校专任教师 42798 人，在校学生共计 802005 人，共招收学生 253357 人，毕业学生 211772 人。

表 5-1　2014～2019 年山西省高等院校基本情况

年份	高等院校数量（所）	高等院校专任教师数量（人）	在校学生（人）	招收学生（人）	毕业学生（人）
2014	71	40317	713218	214394	174060
2015	79	40406	740245	222685	191273
2016	80	41301	756287	219954	199259
2017	80	40971	762974	221360	210429
2018	83	41910	765580	223904	216596
2019	82	42798	802005	253357	211772

资料来源：根据 2015～2020 年《山西省统计年鉴》整理得出。

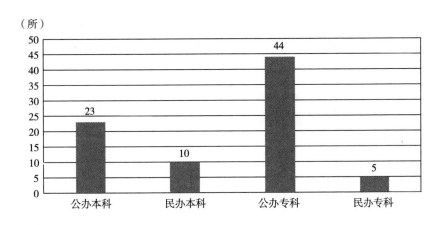

图 5-1　2019 年山西省高校数量

资料来源：根据 2020 年《山西省统计年鉴》整理得出。

近年来，山西省高等院校不断开展科技创新活动，其科技创新能力也得到快速提高。高校的科技创新能力主要体现在科技创新投入能力和科技创新产出能力上。科技创新投入能力主要体现在科技人力资源和科技经费资源的投入上。而科技创新产出能力主要体现在科技活动的直接产出上，一般以论文、科技专著、专利、科技课题数量和科技奖励等形式体现出来。

由表5-2可知，2019年山西省高等院校科技经费投入为16.84亿元，科技经费支出为15.98亿元，教学科研人员共计2.38万人。

表5-2　2010~2019年山西省高校科技经费及科研人员情况

年份	经费投入（亿元）	经费支出（亿元）	教学科研人员数量（万人）
2010	7.21	6.72	1.47
2011	8.52	7.71	1.49
2012	10.32	9.28	1.54
2013	12.59	12.56	1.58
2014	11.14	11.56	1.60
2015	11.46	12.37	1.64
2016	12.55	11.86	2.23
2017	14.91	13.03	2.28
2018	16.82	15.48	2.29
2019	16.84	15.98	2.38

资料来源：根据2011~2020年《高等学校科技统计资料汇编》整理得出。

根据表5-3可知，2019年山西省高等院校出版科技著作995部，承担科技课题共计17358项，发表学术论文23319篇，申请专利3822件，专利授权2363件。2010年以来，山西省高校科技创新产出情况有了很大的进步。其中，科技著作出版数翻了近两番，课题数是原来的近四倍，申请专利数是原来的七倍还多，专利授权数为原来的八倍多。

表5-3　2010~2019年山西省高校科技创新产出情况

年份	出版科技著作（部）	科技课题数（项）	发表学术论文（篇）	申请专利数（件）	专利授权数（件）
2010	273	4621	11402	527	283
2011	278	5331	10549	731	388

续表

年份	出版科技著作（部）	科技课题数（项）	发表学术论文（篇）	申请专利数（件）	专利授权数（件）
2012	249	5355	10102	892	552
2013	261	5988	10739	1013	621
2014	181	5256	11159	1407	857
2015	304	5513	13733	1815	1272
2016	351	5726	14233	2489	1539
2017	349	7144	15397	3050	2177
2018	934	13093	22091	3146	2061
2019	995	17358	23319	3822	2363

资料来源：根据 2011~2020 年《中国科技统计年鉴》整理得出。

从表 5-4 中山西省高校的专利申请数量及专利授权数量可以发现，2009~2017 年山西省高校的专利申请量呈现出迅猛增长的态势，专利授权数占专利申请数的比重由 2009 年的 38.99% 增长到 2017 年的 71.38%，这反映出山西省高校知识产权保护意识在逐渐增强。从具体的专利类型来看，发明专利、实用新型专利、外观设计专利都呈增长趋势，且从拥有的发明专利数来看，山西省高校知识产权保护具有一定的规模，并逐步增强。

表 5-4　山西省高校专利情况

年份	专利申请数（项）				专利授权数（项）			
	小计	发明专利	实用新型	外观设计	小计	发明专利	实用新型	外观设计
2009	513	346	161	6	200	153	43	4
2010	527	468	57	2	283	244	38	1
2011	731	639	91	1	388	298	90	0
2012	892	771	121	0	552	416	136	0
2013	1013	839	171	3	621	436	178	7
2014	1407	1145	257	5	857	643	211	3
2015	1815	1220	588	7	1272	751	517	4
2016	2489	1757	722	10	1539	917	612	10
2017	3050	2059	973	21	2177	1027	1128	22

资料来源：根据 2010~2018 年《高等学校科技统计资料汇编》整理得出。

专利出售是大学创新性知识和技术成果向现实生产力转化的重要方式。结合表 5-4、表 5-5 可知，高校专利出售量的增长速度远远落后于专利授权量的增长速度。

表 5-5　山西省高校专利出售情况

年份	2009	2010	2011	2012	2013	2014	2015	2016	2017
合同数（项）	34	53	47	74	21	43	29	26	44
总金额（千元）	2040	5003	2660	3370	5400	4277	4665	2770	2857

资料来源：根据 2010~2018 年《高等学校科技统计资料汇编》整理得出。

二、科研机构

科研机构是创新物种主体的重要组成部分，主要从事科学研究和技术开发，也承担着培育科技人才的任务，是实施创新驱动发展战略、建设创新型国家的重要力量。

截至 2018 年，山西省有科学研究与技术开发机构 154 家，其中自然科学类的科学研究与技术开发机构 121 家，占 78.5%；社会科学类的科学研究与技术开发机构 21 家，占 13.6%；情报科学类的科学研究与技术开发机构 12 家，占 7.79%。科学研究与技术开发机构中职工人数为 9936 人，其中从事科技活动的人员有 8382 人，具有大学本科及以上学历的有 6941 人。

截至 2018 年，自然科学类的科学研究与技术开发机构 121 家。从地市分布情况上来看，太原市 69 家，其中中国科学院直属 1 家，忻州市 8 家，长治市、晋城市和临汾市各 7 家，大同市和运城市各 5 家，晋中市和吕梁市各 4 家，阳泉市 3 家，朔州市 2 家（见图 5-2）。可以看出太原市科研机构数量占到山西省科研机构数量的 56.2%，其他各地市科研机构的数量之和不到一半，因此山西省科研机构在全省各地区分布不均衡。

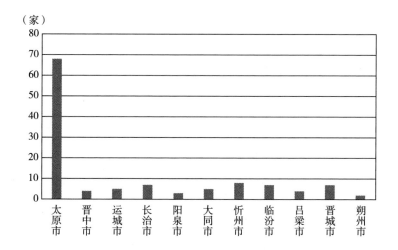

（家）

图 5-2　2018 年山西省科研机构地区分布情况

资料来源：根据 2019 年《山西省统计年鉴》整理得出。

根据图 5-3 可知，从层属结构上来看，截至 2018 年，在自然科学类的 121 家科学研究与技术开发机构中，中国科学院直属的科学研究与技术开发机构 1 家，占 0.83%；省科委及各厅局直属的科学研究与技术开发机构 70 家，占 57.85%；地、市直属的科学研究与技术开发机构 50 家，占 41.32%。

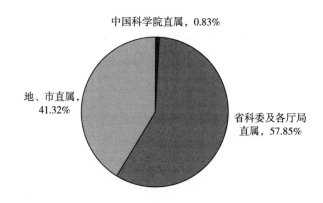

图 5-3　2018 年山西省科研机构自然科学类的层属结构

资料来源：根据 2019 年《山西省统计年鉴》整理得出。

根据图 5-4 可知，科研机构在研发经费支出上主要以试验发展研究为主，应用研究次之。2012~2019 年，基础研究支出占比稳步上升，占比由 12.78% 达到 16.56%，应用研究支出每年的变化幅度较小，试验研究支出从 2012 年的 56.92% 下降到 53.13%。

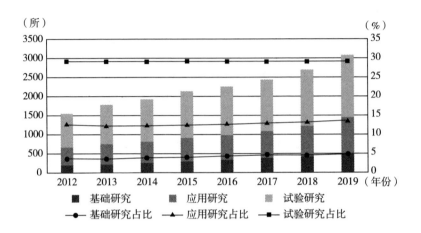

图 5-4 2012~2019 年山西省科研机构研发费用支出及占比情况

资料来源：根据 2013~2020 年《中国科技统计年鉴》整理得出。

根据表 5-6 可知，在科研机构创新产出方面，山西省科研机构承担的科技课题数由 2010 年的 935 项增长到 2019 年的 1350 项，发表科技论文由 2010 年的 2390 篇增长到 2019 年的 2617 篇，总体呈增长趋势。在出版科技著作方面，2013 年达到 85 项，之后呈现下降趋势，到 2019 年总计 63 项。在申请专利数方面，2016 年相较 2015 年申请专利数增长了 1 倍多，之后呈现下降趋势。

表 5-6 2010~2019 年山西省科研机构创新产出情况

年份	出版科技著作（部）	科技课题数（项）	发表科技论文（篇）	申请专利数（件）
2010	62	935	2390	511
2011	66	1066	2520	331
2012	80	1144	2504	431
2013	85	1194	2611	475

续表

年份	出版科技著作（部）	科技课题数（项）	发表科技论文（篇）	申请专利数（件）
2014	62	1172	2349	511
2015	53	1256	2493	689
2016	57	1274	2410	1442
2017	67	1299	2562	841
2018	59	1532	2726	925
2019	63	1350	2617	808

资料来源：根据 2011~2020 年《中国科技统计年鉴》整理得出。

三、企业

我国社会发展正处于转型升级的关键期，市场竞争日益激烈，创新已成为企业获取核心竞争力的最关键要素。创新驱动发展战略是我国加快经济转型、实现可持续发展的重要举措。科技型中小企业和高新技术企业作为我国自主创新的重要驱动力，在创新驱动发展的过程中扮演了重要角色，但这些企业在技术创新过程中经常会面临信息不足、资金缺乏、抗风险能力弱等问题的制约，需要外部服务体系的扶持。①

1. 高新技术企业

（1）高新技术企业数量及分布领域。近几年，山西省高新技术企业数量逐年快速增长。根据图 5-5 可知，截至 2019 年底，山西省累计认定的高新技术企业有 2494 家。根据 2019 年《山西高新技术企业发展报告》，高新技术企业数量分布为太原市 716 家，山西转型综改示范区 896 家，大同市 58 家，阳泉市 85家，长治市 58 家，长治高新区 64 家，晋城市 62 家，朔州市 43 家，忻州市 64家，吕梁市 49 家，晋中市 189 家，临汾市 70 家，运城市 140 家。由此可以看出，山西省高新技术企业在全省各地区的分布不均衡。太原市及山西转型综改示范区的高新技术企业数占山西省高新技术企业总数的 64.6%。山西转型综改示范区和长治高新区的高新技术企业数占山西省高新技术企业总数的 38.5%。

---

① 吕微，法如. 科技中介服务体系构建研究——以山西省为例［J］. 技术经济与管理研究，2019（10）：39-45.

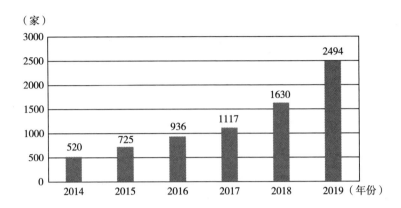

图5-5　2014~2019年山西省高新技术企业数量

资料来源：根据2014~2019年《山西高新技术企业发展报告》整理得出。

根据图5-6可知，电子信息领域高新技术企业最多，有915家，约占高新技术企业总数的36.69%，先进制造与自动化领域429家，约占17.2%，新材料领域275家，约占11.03%，三个领域的高新技术企业占高新技术企业总数的64.92%，在数量上绝对领先。

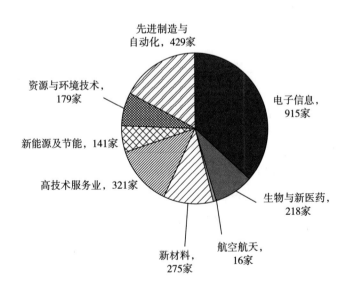

图5-6　山西省高新技术企业技术领域分布

资料来源：根据2019年《山西高新技术企业发展报告》整理得出。

（2）高新技术企业科技活动费用。根据2019年《山西高新技术企业发展报告》，山西省高新技术企业用于科技活动的全部研究费用共计245.73亿元，其中来自政府部门支持的研发经费11.7亿元。研发费用占主营业务收入的比例为4.2%。山西省高新技术企业委托外单位开展科技活动经费共11.8亿元，其中委托境内研究机构5.35亿元，委托境内高校0.47亿元、委托境内企业5.07亿元，委托境外机构0.17亿元。

（3）高新技术企业科技创新产出。根据表5-7可知，2019年高新技术企业拥有有效知识产权中，有效专利28356件，软件著作权16263件，集成电路33件，植物新品种100件。

表5-7　2019年山西省高新技术企业拥有有效知识产权情况

年份	企业数量（家）	期末拥有有效专利数		软件著作权	集成电路	植物新品种
		有效专利	发明专利			
2014	520	11299	2330	1334	7	22
2015	725	12601	3030	2243	26	27
2016	936	15598	4898	3386	4	39
2017	1117	17995	5269	5226	19	41
2018	1624	23343	6410	8910	23	38
2019	2494	28356	7034	16263	33	100

资料来源：根据2015~2020年《山西高新技术企业发展报告》整理得出。

2. 科技型中小企业

根据图5-7可知，截至2019年，山西省共有登记注册的科技型中小企业4595家，有1897家科技型中小企业被认定为高新技术企业，其中太原市无论是科技型中小企业的数量还是高新技术企业的数量均远超出其他地市。

根据图5-8可知，4595家科技型中小企业中属于采矿业的有6家，其中有高新技术企业3家，占比50%；属于制造业的有962家，其中有高新技术企业631家，占比65.59%；属于电力、热力、燃气及水生产和供应业的有52家，其中有高新技术企业29家，占比55.77%；属于房地产业的有1家，同时该企业也为高新技术企业，占比100%；属于水利、环境和公共设施管理业的有108家，

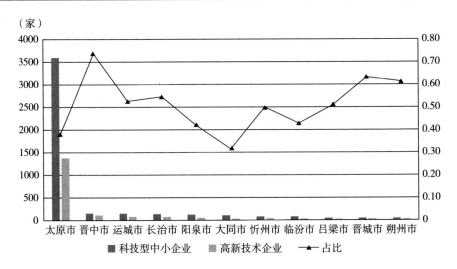

图 5-7 科技型中小企业中高新技术企业地区分布

资料来源：根据 2020 年《山西高新技术企业发展报告》整理得出。

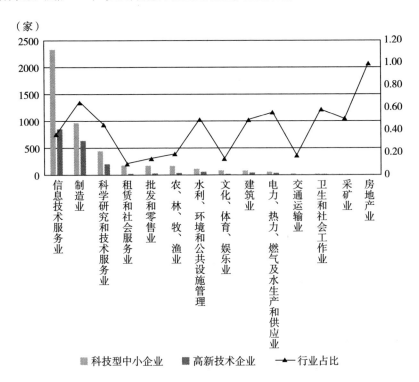

图 5-8 科技型中小企业中高新技术企业行业占比

资料来源：根据 2020 年《山西高新技术企业发展报告》整理得出。

其中有高新技术企业 54 家，占比 50%；属于卫生和社会工作业的有 12 家，其中有高新技术企业 7 家，占比 58.33%。剩余行业中，高新技术企业占科技型中小企业的比例均不足 50%。此外，需要特别指出的是，信息技术服务业以及科学研究和技术服务业分别有 2334 家和 438 家，其中分别有高新技术企业 847 家和 197 家，但由于科技型中小企业总体基数较大，导致占比不足 50%，部分行业如采矿业和房地产业即为总体基数较小，导致占比过高，但实际的高新技术企业数量较少的行业。从以上数据信息中可以看出，高新技术企业大多集中在信息技术服务业、制造业以及科学研究和技术服务业三大行业中，但除制造业占比超过 50% 外，另外两个行业均不足一半，因此培育和挖掘的潜力巨大。

第二节　服务要素

一、金融机构

金融机构是区域科技创新的积极参与者。金融对创新活动的支持是区域创新生态系统的重要组成部分。金融是经济社会配置资源的血脉，其本质是价值发现、风险定价和资源配置，就是通过科学方法将分散在市场上的创新资源整合起来，通过某种可行的可信度排序标识出来，配置到合适的地方，并配置给合适的主体。

截至 2020 年末，山西省社会融资规模存量为 4.77 万亿元，同比增长 10.5%，高于上年末 0.1 个百分点；社会融资规模较年初增加 4688.8 亿元，同比增加 467.0 亿元。从社会融资规模构成看，债券融资为支撑山西社会融资规模增量屡创新高的重要因素。2020 年，全省企业债券净融资 970.6 亿元，同比增加 395.6 亿元，净融资量占社会融资规模增量的 20.7%，同比上升 7.1 个百分点；政府债券净融资 965.8 亿元，同比增加 304.8 亿元，净融资量占社会融资规模增量的 20.6%，同比上升 4.9 个百分点。此外，对实体经济发放的本外币贷款较年初增加 2550.1 亿元，占社会融资规模增量的 54.4%，是支撑山西省社会融资规模增量屡创新高的主要因素。

由表5-8可知，截至2019年，全省金融机构本外币各项贷款余额30600.00亿元，同比增长9%；全省金融机构本外币各项存款余额42500.00亿元，同比增长7%。与此相反，金融机构个数及其从业人员数呈现出波动下降的趋势。

表5-8 2009~2019年山西省金融机构相关指标统计

年份	本外币：各项存款余额（亿元）	本外币：各项贷款余额（亿元）	金融机构个数（个）	从业人员数（人）
2009	15759.80	7915.41	7067	127294
2010	18639.80	9728.70	7031	124106
2011	21003.20	11265.60	7317	123843
2012	24517.00	13211.30	7068	124394
2013	26269.00	15025.50	6692	116887
2014	26942.93	16559.41	5793	110456
2015	28641.42	18574.83	6762	118981
2016	30869.07	20356.50	6168	105852
2017	36684.54	25478.25	6207	105239
2018	39592.27	28039.13	5477	92582
2019	42500.00	30600.00	5683	91316

资料来源：根据2010~2020年《山西统计年鉴》整理得出。

二、政府

政府在构建创新生态系统中起着不可或缺的推动作用，主要是通过对创新产业链上各创新要素的适度引导，促进创新群落间的集聚、互动，实现知识资源投入、科技成果产出以及科技成果产品化、商业化等一系列过程，最终实现创新绩效并反哺科技创新投入源头，进而驱动新一轮更高技术、更高水平的创新，形成正向振荡的创新生态体系，从而营造良好的创新环境。

政府营造创新环境主要体现在两个方面：一是营造创新的硬环境；二是营造创新的软环境。硬环境主要体现在政府通过大力兴建交通、通信和生活设施等基础设施来为创新发展打造良好的环境。软环境主要体现在政府通过制定相应的优惠政策来扶持创新发展，并形成有利于创新的法律环境。政府在构建创新生态系统的过程中主要扮演环境营造者、规则制定者和政策制定者的角色。在整个创新生态系统中，企业作为创新的主体需要遵从政府的规划和设计。政府为企业提供创新平台，企业可以基于平台来开展产品的生产和服务。

（1）信息通信建设。第五代移动通信技术（5G）是支撑经济社会数字化、网络化、智能化转型的关键新型基础设施。山西省委、省政府一直高度重视5G网络基础设施及商用工作，在加快基站建设、建设智能矿山、发展远程医疗、打造智慧城市、改进管理方式、提升治理能力等各领域持续发力。截至2020年，山西省累计建设5G基站3800座，太原、晋城主城区已实现有效覆盖，其余9个地市实现了重要口碑场景和高价值区域的网络覆盖。此外，中国铁塔山西省分公司已牵头编制完成全省11个市的5G网络发展规划。山西省计划到2022年底，全省累计规划建设5G基站93646座，新建5G室内分布系统站点15610套，基本实现全省主要城市（含县城）城区5G网络连续覆盖。中国移动、中国联通、中国电信对山西省5G网络基础设施建设的发展给予了大力支持，在做好疫情防控前提下，加快基站建设和开通，全省11个市的热点区域、重要场景率先实现了5G网络的覆盖。山西电信已与省内近80家客户签约，积极开展5G应用合作，主要涉及文化、金融、煤炭、医疗、物流、交通六大行业。尤其是在疫情防控期间，利用5G高速率、低时延和大连接的技术优势，深化与政务、医疗、工业和教育等行业的融合，推出多种战"疫"产品及应用，助力全省打赢疫情防控阻击战和经济发展保卫战。

（2）交通设施建设。城市基础设施建设反映了一个城市的发展水平。在道路交通方面，地铁是太原市现代化基础设施建设中重要的一环。2019年，太原市地面以上城区的立体交通网基本建成，太原地铁也在如火如荼地建设中。2020年山西省政府工作报告提出，2020年要确保太原地铁2号线年内投运，加快1号线建设，启动新一轮太原城市轨道交通建设规划调整。晋中市交通运输局也将加快"四好农村路"建设步伐，实现农村道路互联互通和A级景区"四联通"（即高速出口、高铁车站、国省干线、旅游公路主线联通），助力太原晋中一体化发展的步伐更快，方便太原、晋中两地百姓出行。加快"黄河、长城、太行"三大板块旅游公路、部分"省网市建"高速公路及普通国省干线过境路改线工程。

在通用航空方面，截至 2018 年，山西省民用航空航线共 198 条，满足了人们的正常出行。

（3）创新政策。为加快推进创新型省份建设，全力打造一流创新生态，实现区域经济转型升级，山西省政府出台了一系列科技创新政策来支持和引导山西省的科技创新发展，包括《山西省人民政府办公厅关于印发 2019 年〈政府工作报告〉重点工作任务分工的通知》《山西省人民政府办公厅关于印发山西省支持科技创新若干政策的通知》《山西省人民政府办公厅关于印发山西省科技领域省级与市县财政事权和支出责任划分改革实施方案的通知》《山西省人民政府办公厅关于推进县域创新驱动发展的实施意见》《关于加快构建山西省创新生态的指导意见》等（见表 5-9）。

表 5-9　山西省科技创新政策

政策名称	主要内容
山西省人民政府办公厅关于印发 2019 年《政府工作报告》重点工作任务分工的通知	全面推动国家及山西省科技创新激励政策落地落实，赋予科研机构和人员更大自主权，优化科研项目评审、科技人才评价、科研机构评估，促进更多科技成果资本化产业化
山西省人民政府办公厅关于印发山西省支持科技创新若干政策的通知	引导企业加大研发投入；开展重大关键技术攻关；支持科技成果转化；推进高新技术企业、高新技术产业开发区建设；支持"大众创业、万众创新"；推进创新平台建设和大型科学仪器设备资源共享共用；支持科技人才团队创新创业；强化知识产权创造、保护和运用；推进县域创新驱动发展
山西省人民政府办公厅关于印发山西省科技领域省级与市县财政事权和支出责任划分改革实施方案的通知	对围绕建设高层次科技人才队伍，根据相关规划等统一组织实施的科技人才计划，分别确认为省级或市、县事权，由同级财政承担支出责任。省级通过引导和支持科技创新项目的实施，引进国内外"高精尖缺"人才，省级培育支持的人才专项，以及提供农村科技服务的人才专项等，确认为省级财政事权，由省级财政承担支出责任。市、县围绕当地实际，引进和培育高层次科技人才队伍，根据相关规划等统一实施的科技人才专项，涉及科技人才引进、培养支持的人才专项，确认为市、县财政事权，由市、县财政承担支出责任
山西省人民政府办公厅关于推进县域创新驱动发展的实施意见	深化县域人才管理体制改革，制定灵活的人才管理制度，依托各类产业项目和重大工程，引进区域经济转型发展急需的高、精、尖等紧缺型人才和团队，支持科研人员携带科研项目和科技成果离岗创业。完善地方法规和政策，优化人才环境，加强以需求为导向的专业人才培养，培育懂技术、懂市场的复合型、国际型创新创业人才

续表

政策名称	主要内容
关于加快构建山西省创新生态的指导意见	为深入贯彻省委、省政府关于全力打造一流创新生态的重大决策部署，大力实施创新驱动、科教兴省、人才强省战略，全面构建有利于创新活力充分涌流、有利于创业潜力有效激发、有利于创造动力竞相迸发的创新生态，制定本指导意见
中共山西省委山西省人民政府关于印发《山西省建立更加有效的区域协调发展新机制实施方案》的通知	实施省级科技计划项目，组织高新技术企业认定和科技型中小企业评价工作，开展省级科技企业孵化器、众创空间认定工作。加强省级重点实验室、科技创新团队等科技创新平台基地和人才团队建设，认定一批省级产业技术创新战略联盟。发挥奖励引导作用，组织开展省科学技术奖评审工作

三、创新平台

1. 科技企业孵化器

孵化器（Incubator），本义指人工孵化禽蛋的专门设备。后来引入经济领域，指一个集中的空间，能够在企业创办初期、举步维艰时，提供资金、管理等多种便利，旨在对高新技术成果、科技型企业和创业企业进行孵化，以推动合作和交流，使企业"做大"。美国孵化器专家鲁斯坦·拉卡卡认为，企业孵化器（Business Incubator）是具有特殊用途的设施，专门为经过挑选的知识型企业提供培育服务，直到这些企业能够不用或很少借用其他帮助将他们的产品或服务成功地打入市场。

企业孵化器在中国也称高新技术创业服务中心，它通过为新创办的科技型中小企业提供物理空间和基础设施，提供一系列的服务支持，进而降低创业者的创业风险和创业成本，提高创业成功率，促进科技成果转化，培养成功的企业和企业家。在中国台湾叫育成中心，在欧洲地区一般叫创新中心（Innovation Center）。

根据表5-10可知，自2014年起山西省科技企业孵化器数量逐年上升，孵化器总收入虽有一定波动，但总体趋势呈上升状态。山西各类孵化器2019年总收入达742229千元。孵化器对公共技术服务平台投资总额共31594千元。

表 5-10 2014~2019 年山西省科技企业孵化器基本情况

年份	孵化器数量（个）	孵化器总收入（千元）	管理机构从业人员数量（人）	孵化基金总额（千元）	创业导师人数（人）	对公共技术服务平台的投资额（千元）
2014	12	174080	249	77470	59	13923
2015	17	254695	364	84560	171	23045
2016	25	263709	545	175536	261	36146
2017	44	384845	979	252201	643	59343
2018	59	437604	1058	411082	920	42098
2019	79	742229	1091	734875	1080	31594

资料来源：根据 2015~2020 年《中国火炬统计年鉴》整理得出。

企业孵化器一般应具备四个基本特征：一是有孵化场地，二是有公共设施，三是能提供孵化服务，四是面向特定的服务对象——新创办的科技型中小企业。根据表 5-11 可知，在孵企业个数从 2014 年开始逐年增加，到 2019 年已经达到 2543 个。收入达 5 千万元的企业个数 2014 年为 11 个，2019 年已有 26 个。整体来看，孵化运作情况良好。

表 5-11 山西省科技企业孵化器孵化企业情况

年份	在孵企业个数（个）	高新技术企业（个）	当年新增在孵企业（个）	累计毕业企业（个）	当年毕业企业（个）	收入达 5 千万元企业数（个）
2014	700	59	232	412	61	11
2015	929	90	372	582	168	5
2016	1190	104	427	1002	193	11
2018	2435	226	565	1797	349	17
2019	2543	209	601	2025	410	26

资料来源：根据 2015~2020 年《中国火炬统计年鉴》整理得出。

孵化器数量及地区分布。根据图 5-9 可知，2019 年山西省共有孵化器 79 家，其中太原市 30 家，大同市 14 家，阳泉市 7 家，长治市 5 家，晋中市 5 家，忻州市 5 家，晋城市 3 家，运城市 3 家，吕梁市 3 家，朔州市 2 家，临汾市 2 家。太原市遥遥领先于其他地市，大同市排第二，但也不足太原市的一半，剩余地市的孵化器数量相差不大，均较少。

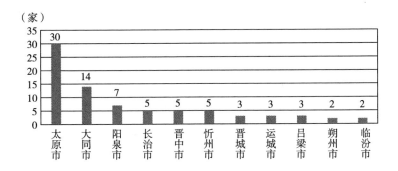

图5-9 山西省孵化器数量及地区分布情况

资料来源：根据 2019 年《山西高新技术企业发展报告》整理得出。

孵化器运行情况。2019 年山西省孵化器管理机构从业人员累计共 1091 人次，接受专业培训的人数共计 482 人，拥有创业导师共 1080 人，其中创业导师对接的企业团队有 2062 家，孵化器签约的中介机构数量为 596 家，开展的创新创业活动共计 1747 场。

2. 众创空间

众创空间，即创新型孵化器。"众"是主体，"创"是内容，"空间"是载体。是顺应创新 2.0 时代用户创新、开放创新、协同创新、大众创新趋势，根据互联网及其应用深入发展、知识社会创新 2.0 环境下的创新创业特点和需求，通过市场化机制、专业化服务和资本化途径构建的低成本、便利化、全要素、开放式的新型创业公共服务平台的统称。

发展众创空间要充分发挥社会力量作用，有效利用国家自主创新示范区、国家高新区、应用创新园区、科技企业孵化器、高校和科研院所的有利条件，着力发挥政策集成效应，实现创新与创业相结合、线上与线下相结合、孵化与投资相结合，为创业者提供良好的工作空间、网络空间、社交空间和资源共享空间。

山西省高新技术企业中，11 家企业拥有国家重点实验室、国家工程技术研究中心、国家企业技术中心等国家级平台，178 家企业建有省级工程技术研究中心、省级企业技术中心等省级平台，180 家企业技术中心被认定为市级企业技术中心。

根据图 5-10 可知，截至 2019 年，山西省共有众创空间 343 个，其中太原市159 个，长治市 33 个，临汾市 25 个，大同市 23 个，晋中市 22 个，阳泉市 18个，吕梁市 16 个，晋城市 14 个，忻州市 13 个，朔州市 10 个，运城市 10 个。

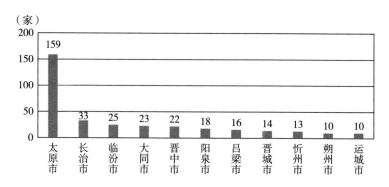

图5-10 山西省众创空间数量及地区分布

资料来源：根据2019年《山西高新技术企业发展报告》整理得出。

根据表5-12可知，2019年，创业团队的数量达到10292个，初创企业的数量达到7958个，举办创新创业活动的场次达到8468场，开展创业教育培训的场次达到5918场，提供技术支撑服务的团队和企业数量达到2839个，获得投融资的团队的数量达到230个，团队及企业当年获得投资总额达到95926千元。相比2016年，服务创业团队的数量增加了约1.31倍，初创企业的数量增加了约1.67倍，举办创新创业活动的场次增加了4960场，开展创业教育培训的场次增加了3115场，因此，从以上数据可以看出，山西省众创空间对企业提供的服务及帮扶力度较大。

表5-12 山西省众创空间服务情况

年份	创业团队的数量（个）	初创企业的数量（个）	举办创新创业活动（场次）	开展创业教育培训（场次）	提供技术支撑服务的团队和企业数量（个）	获得投融资的团队的数量（个）	团队及企业当年获得投资总额（千元）
2016	4454	2979	3508	2803	859	189	1157149
2017	6355	3974	5404	3446	1521	275	241023
2018	8341	4938	5204	4279	2352193	177	108436
2019	10292	7958	8468	5918	2839	230	95926

资料来源：根据2017~2020年《中国火炬统计年鉴》整理得出。

根据表5-13可知，山西省众创空间2016~2019年的总收入逐年增加，2019年的总收入约是2016年的2倍。2016年，众创空间总收入231309万元，其中财政补贴39968万元约占当年总收入的17.28%。2017年，众创空间总收入为

308042 万元，其中财政补贴 42497 万元约占当年总收入的 13.80%。2018 年众创空间总收入为 384152 万元，其中，财政补贴 76768 万元约占当年总收入的 19.98%。2019 年众创空间总收入为 460104 万元，财政补贴 69345 万元，约占当年总收入的 15.07%。可以看出，众创空间的营收能力逐渐增强，对政府财政补贴的依赖程度总体呈下降趋势。

表 5-13　山西省众创空间收入情况　　　　　　　　单位：万元

年份	众创空间总收入	服务收入	房租及物业收入	投资收入	财政补贴
2016	231309	37705	—	89268	39968
2017	308042	56968	72162	60084	42497
2018	384152	79534	71907	28044	76768
2019	460104	143431	100664	41379	69345

资料来源：根据 2019 年《山西高新技术企业发展报告》整理得出。

3. 国家科技园

国家大学科技园从 1999 年开始试点建设，是国家加强技术创新、发展高科技、实现产业化的重要举措，在孵化企业、培育企业家，服务科技企业发展，推动高校科技成果转化和高新技术产业化，推动高校服务地方经济建设等方面发挥了重要作用，已成为我国高新技术产业和高新区持续、自主创新的重要源泉。[1] 截至 2021 年底，山西省共有两家大学生科技园，即山西中北大学国家大学科技园和山西大学国家大学科技园。

（1）山西中北大学国家大学科技园。山西中北大学国家大学科技园始建于 2002 年 4 月，是在中北大学科技园基础上创建的。2008 年 7 月，经山西省科技厅、教育厅共同推荐，向科技部、教育部申请国家大学科技园认定。2008 年 12 月 9 日接受了科技部、教育部专家评审考查。2009 年 2 月，科技部、教育部正式批准山西中北大学科技园为国家大学科技园。在省科技厅、省教育厅等上级部门的大力支持下，目前，科技园已经初具规模。建筑总面积达到 2.6 万平方米，孵化面积达到 1.6 万平方米，孵化面积占建筑总面积的 61.5%；入驻企业及机构 62

---

① 崔歧恩，刘帅，钱士茹．我国大学科技园运行效率研究——基于 DEA 的实证分析［J］．科技进步与对策，2011（21）：16-21.

家，孵化企业 57 家，孵化企业占入驻企业总数的 91.9%；园区从业人员 1253 人；科技园累计转化科研成果 300 多项；授权专利 20 多项；培训学生及社会人员 3000 多人。山西中北大学国家大学科技园的建设与发展，有力地推动了山西省高校教学科研与学科建设，成为推动科技成果转化与产业化的重要平台，成为地方科技创新体系的重要组成部分，展现出了良好的发展态势与前景。

（2）山西大学国家大学科技园。山西大学国家大学科技园筹建于 2012 年，原为中北大学国家大学科技园分园。为适应不断发展壮大的实际需求，2016 年 12 月山西大学资产经营有限公司全额出资成立"山西山大科技园有限公司"，注册资本为 100 万元。2017 年，山西山大科技园有限公司通过并购的形式控股了山西山大艺道孵化器管理有限公司，同年被科技部火炬中心认定为国家级科技企业孵化器。2021 年 6 月，科技部、教育部联合发布第十一批国家大学科技园认定结果，山西大学科技园被认定为国家大学科技园。科技园依托山西大学雄厚的师资力量、先进的设备仪器和国家级、部级、省级重点实验室，具有较强的研发整合能力和项目管理能力。目前，已与校内 12 个研究所、6 个省级研发平台、创新团队建立合作共建关系，同时和大型设备仪器中心、大学生就业指导中心、团委、教务处、科技处等部门形成共建机制，建设具有影响力的国家级大学科技园。山西大学科技园下辖一个国家级孵化器、一个国家级众创空间和一个省级众创空间，园区整体为"一园三区"的管理格局，包括蕴华创新产业园区、文化创意产业园区和渊智园区，使用面积约 15000 平方米，入驻企业共计 94 家。园区累计培育"新三版"挂牌企业 4 家，高新技术企业 13 家，科技型中小企业 27 家。

第三节　创新环境

一、软环境

1. 经济环境

党的十九大报告指出"中国经济已由高速增长阶段转向高质量发展阶段"。

当前中国经济的空间结构正在发生着深刻变化，经济环境是企业营销活动的外部社会经济条件，包括消费者的收入水平、消费者支出模式和消费结构、消费者储蓄和信贷、经济发展水平、经济体制和地区行业发展状况、城市化程度等多种因素。市场规模的大小，不仅取决于人口数量，而且取决于有效的购买力，而购买力的大小要受到经济环境中各种因素的综合影响。为促进新形势下区域协调发展，习近平提出了要推动形成优势互补、高质量发展的区域经济布局。高质量发展已成为新时代中国特色社会主义经济建设面临的重要议题。所以在制定创新生态战略发展规划时要把经济环境的因素考虑在内。2020年以来，面对错综复杂的国内外环境，在省委省政府的坚强领导下，全省上下全面贯彻党的十九届五中全会和中央经济工作会议精神，深入贯彻落实习近平视察山西重要讲话重要指示精神，科学统筹疫情防控和经济社会发展，扎实做好"六稳"工作，全面落实"六保"任务，强力推动"六新"突破，全省主要指标回升强劲，短板领域韧性增强，新兴动能活力提升，民生福祉保障有力，总体呈现持续恢复、稳定向好的运行态势。

根据图5-11可知，2011~2019年山西省生产总值总体呈上升趋势，2019年达到了17026.68亿元。山西省GDP的稳步增长为创新生态的经济环境改善提供了保障。

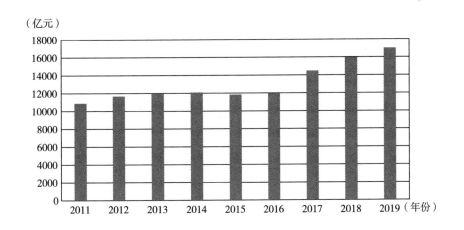

图5-11　2011~2019年山西省生产总值

资料来源：根据2012~2020年《山西省统计年鉴》整理得出。

人均可支配收入是衡量地区经济发展水平的一个重要指标，可以体现一个地区人民生活水平的现状。居民可支配收入是居民可用于最终消费支出和储蓄的总和，即居民可用于自由支配的收入。城镇居民人均可支配收入是指反映居民家庭全部现金收入能用于安排家庭日常生活的那部分收入。它是家庭总收入扣除交纳的所得税、个人交纳的社会保障费以及调查户的记账补贴后的收入。根据图5-12可知，2010～2019年山西省城镇居民人均可支配收入呈稳定增长态势，2019年人均可支配收入达到33262元，比上年增加2227元，增长7.17%；与2018年相比，两年平均增长6.84%。2019年山西经济保持了总体平稳、稳中有进的发展态势，为居民稳定增收提供了基础和保障。

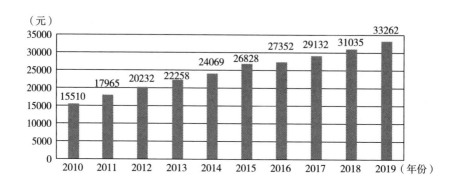

图5-12 2010～2019年山西省居民人均可支配收入

资料来源：根据2011～2020年《山西省统计年鉴》整理得出。

与山西省城镇居民人均可支配收入对应的城镇居民人均消费支出同样重要。城镇居民家庭人均消费支出是城镇居民家庭人均用于日常生活的全部支出，包括购买实物支出和各种服务性支出。消费支出按商品或服务的用途可以分成食品、烟酒及用品、衣着、家庭设备用品及服务、医疗保健及个人用品、交通和通信、娱乐教育文化服务、居住8大类，不包括罚没、丢失款和缴纳的各种税款，也不包括个体劳动者生产经营过程中发生的各项费用。中国经济腾飞的同时，城镇居民的消费水平也在不断提高。根据图5-13可知，2010～2019年山西省城镇居民人均消费支出有了显著的增长，这个现象与普遍预期相符，说明随着我国经济的发展，人们的消费能力、购买能力不断增强，生活品质得到了质的飞跃。

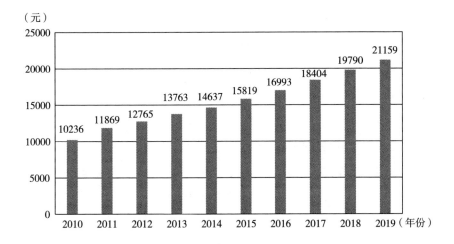

图 5-13　2010~2019 年山西省城镇居民人均消费支出

资料来源：根据 2011~2020 年《山西省统计年鉴》整理得出。

2. 技术创新环境

对于每个国家，每座城市，想要有长足的发展就要学会创新，在所有的创新中，技术创新是最根本的。山西是一个资源丰富、布局以重工业为主的地区，要提高区域综合竞争力，实现经济快速发展，必须紧紧依靠技术创新。自党的十八大以来，山西省委省政府把创新作为主导发展的第一动力放在突出位置，充分发挥科技创新在供给侧结构性改革中的基础、关键和先导作用。从百废待兴到建立新的科技机构，从科教兴晋到创新型省份建设，从创新驱动发展战略到创新驱动转型升级战略，从建设开发区到推进科技创新城、转型综改示范区，山西正朝着经济发展、社会进步、人民幸福的新时代稳步迈进。科技创新政策方面，我国自1985 年 4 月 1 日起就颁布实施了《中华人民共和国专利法》，同年 7 月山西省委、省政府出台了《山西省科技体制改革的实施方案》。1995 年，山西省人大颁布了《山西省科学技术进步条例》。1999 年，中共山西省委、省人民政府印发了《关于加强技术创新发展高科技实现产业化的决定》，在提高"自主创新能力"和"促进产业技术升级"方面进行了部署。2007 年 8 月召开的山西省科学技术大会，对全省加快推动科技进步和创新工作进行了部署，出台了《关于加快推进科技进步和创新的决定》《关于加快区域科技创新体系建设的若干意见》《关于促进产学研合作推动科技成果转化的实施意见》等"1+3+10"系列文件，山西省科学技术事业发展进入了一个新阶段。2011年，中共山西省委制定并印发了《关于深入贯彻党的十八届三中全会精神　加快推进转型综改试验区建设的若干意见》，表明以科技为支撑的转型综改试验区建设正式启动实施。2014年，山西省人民政府制定并印发了《国家创新驱动发展战略山西行动计划（2014－2020年）》，标志着创新驱动战略步入新的实施阶段。从2017年开始，制定出台了诸如《山西省关于贯彻落实〈国家创新驱动发展战略纲要〉的实施方案》《山西省支持科技创新的若干政策》《山西省科学技术奖励办法》《山西科技重大专项管理办法》等推动科技创新的政策20多项，放大招鼓励科技创新，进一步释放了政策效应；与此同时，一批具有山西特色的政策措施上升为法规条文，《山西省科技创新促进条例》《山西省技术市场管理条例》《山西省促进科技成果转化条例》等正式实施。

专利是技术创新最直接、最主要的产出成果，根据表5-14可知，2011～2019年，山西省专利数得到了显著的提升。2019年，全省专利申请数为31705件，是2011年的2.5倍。其中，实用发明专利申请数为8424件，是2011年的1.8倍；实用发明专利申请所占比重达26.6%。全省专利授权数为16598件，是2011年的3.3倍。其中，实用发明专利授权数2300件，是2011年的2.1倍；发明专利授权所占比重为13.9%。

表5-14　2011~2019年山西省专利情况统计

年份		2011	2012	2013	2014	2015	2016	2017	2018	2019
专利申请数		12769	16786	18859	15687	14948	20031	20697	27106	31705
专利授权数		4974	7196	8565	8371	10020	10062	11311	15060	16598
有效专利数		14764	19561	25037	29077	34009	38702	44848	52849	61654
专利申请数	实用新型	4602	5417	6025	6107	5680	8208	7379	9395	8424
	发明	5238	6735	7527	7055	7911	10079	11719	15788	20938
	外观设计	2929	4634	5307	2525	1357	1744	1599	1923	2343
专利授权数	实用新型	1114	1297	1332	1559	2432	2411	2382	2284	2300
	发明	3036	4689	5708	5569	6037	6532	7730	11258	12758
	外观设计	824	1210	1525	1243	1551	1119	1199	1518	1540

续表

年份		2011	2012	2013	2014	2015	2016	2017	2018	2019
专利有效数	实用新型	3359	4383	5250	6284	8104	9896	11675	12983	14298
	发明	9091	12309	16202	19088	21773	24638	28663	34782	41711
	外观设计	2314	2869	3585	3705	4132	4168	4510	5084	5645

资料来源：根据 2012~2020 年《中国科技统计年鉴》整理得出。

据调查，2019 年太原获得的专利最多，达 1732 项，占山西省专利数量的 76%。其次是大同、运城、晋中、临汾、长治、忻州。整体来看，山西省的发明专利高度集中在太原，其他地区获得的专利数量较少。伴随中华人民共和国从站起来、富起来到强起来的伟大征程，山西科技发展日新月异，科技事业欣欣向荣，科技成果层出不穷，为全省经济发展、社会进步提供了强有力的科技支撑。

山西的技术创新工作虽然有了较大的发展，但是还应当清醒地认识到：山西的技术创新工作无论是与沿海地区相比，还是与周边省份相比仍有一定差距。科学技术综合实力处于全国中下游水平；技术创新远未成为经济增长的主要动力，经济增长仍未摆脱以消耗能源、资源为主的传统模式，产业结构单一、初级产品仍占相当比重；科技向现实生产力转化的能力依然十分薄弱；高新技术发展不快，产业化程度低，技术创新滞后；科技整体创新能力不足，在国际、国内领先的科技成果较少，科技投入资金不到位，投入产出比偏低等问题仍然制约着全省经济的快速发展。山西省应增强政府的宏观调控能力，使政府推进技术创新的功能从偏向短期经济效益转向对长期技术创新能力的培养，从追求增加投入数量转向提高投入质量，从重点干预项目实施转向重大项目的系统选择、组织与协调，实现全省技术创新组织发展目标统一、资源利用集中、创新效果高效的目的。

当前，山西经济转型升级恰好与全球新一轮的科技革命和产业变革产生历史性交汇。好风凭借力，扬帆正当时。山西高质量发展新征程已经开启，正昂首走在新转型的大路上。让一切创新的活力充分涌流，让一切创造的动力竞相迸发，让技术创新掀起"山西浪潮"。如此，山西经济才能为推动高质量转型发展持续提供强劲动力。

3. 产业环境

一个国家或地区的经济发展水平和竞争能力在一定程度上体现在其产业的发

展水平和竞争能力上。产业发展是一个地区经济发展的基础。产业基础资源包括农业、制造业、重工业、交通业、轻工业、运输业、建筑业、服务业等基础产业资源。基础产业在国民经济发展中处于基础地位，对其他产业的发展起着制约和决定作用，是民族复兴、大国崛起的物质保障，是"国之根本"。

长期以来，山西的产业结构都是以资源型产业为主，存在着产业结构单一，产业层次低等问题。2003~2014年，山西省的产业结构为"二、三、一"型，第一产业和第三产业占比偏小，第一产业占比低于10%，第二产业占比一直是最大的，并且挤占了第三产业的发展空间。不过在2011~2019年这九年间，山西省政府不断重视除了资源型产业以外的其他产业的发展，第三产业占比在这九年间总体呈上升趋势，平均增长速度为8.1%。2015年以后，山西省服务业增加值比重过半，工业增加值徘徊在40%左右，第三产业占GDP比重超过了第二产业占GDP的比重，产业结构变为"三、二、一"型，工业不再是山西经济的支柱。

然而，作为煤炭资源大省，山西工业经济发展中，煤、焦、冶、电四大支柱产业占80%，山西要想转型就必须大力发展战略性新兴产业，使之成为先导性、支柱性产业。目前山西聚焦十四战略性新兴产业，全力打造支撑高质量转型发展的四大支柱型产业、五大支撑型产业、五大潜力型产业，并全力打造战略性新兴产业集群。

四大支柱型产业，即信息技术应用创新、半导体、大数据、碳基新材料。山西省将做强做大这四类支柱型新兴产业。

信创产业方面，山西省着力打造计算机制造基地，率先布局信创产业基地和信创应用示范区；半导体产业方面，山西省将完善材料—设备—芯片设计、制造、封测—应用全产业链条，打造国家级半导体材料基地；大数据产业方面，山西省加强5G基站、大数据中心、基于区块链的数据平台等信息基础设施建设，布局数字基础设施建设先行区和数据要素高效流通先行区；碳基新材料产业方面，山西省重点突破超级电容、三代碳纤维、人造金刚石、石墨烯关键技术，建设国家级碳基新材料研发制造基地。

五大支撑型产业，即光电、特种金属材料、先进轨道交通装备、煤机智能制造装备、节能环保。对于这些新兴产业，山西省将加快发展。

光电产业方面，山西省将做强LED、光学镜头、相机模组等产品，建设国家级光电产业基地；特种金属材料产业方面，山西省重点发展特殊钢、高性能镁铝合金、软磁材料等产品，打造国家级特种金属材料研发和产业化示范基地；先进轨道交通装备产业方面，山西省加快推进整车研发、轮轴轮对等关键零部件的产业化规模化，打造全国轨道交通装备制造基地；煤机智能制造装备产业方面，山西省加快推进信息化技术与煤炭开采深度融合，打造煤机整机与零部件生产基地；节能环保产业方面，山西省加快资源综合利用"产用平衡"，打造国家级节能环保产业示范基地。

五大潜力型产业，即生物基新材料、光伏、智能网联新能源汽车、通用航空、现代医药和大健康。山西省将全力培育这 5 类潜力型新兴产业。

生物基新材料产业方面，山西省重点发展生物基的聚酰胺、聚酯、碳纤维复合材料等产品，打造国家级合成生物材料研发制造基地；光伏产业方面，山西省将构建以多晶硅—硅片—电池片—电池组件—应用为核心的光伏产业链条，打造全国光伏玻璃生产基地和光伏制造基地；智能网联新能源汽车产业方面，山西省将推动智能网联、氢燃料电池、锂电池、整车轻量化等技术的产业化应用；通用航空产业方面，山西省将构建研发、制造、应用、教育、会展于一体的产业生态，建设全国重要的通用航空产业试验示范基地；现代医药和大健康产业方面，山西省将重点发展原料药及制剂、中成药、新特药、药食同源产品，建设国家级绿色原料药生产基地（见表 5-15）。

表 5-15　山西省 14 大战略性新兴产业

序号	产业	发展方向	产业基地
1	信息技术应用创新	芯片、操作系统、云计算大数据、整机、应用软件	打造计算机制造基地，率先布局信创产业基地和信创应用示范区
2	半导体	材料—设备—芯片设计、制造、封测—应用全产业链条	国家级半导体材料基地
3	大数据	5G 基站、大数据中心、基于区块链的数据平台等信息基础设施建设	数字基础设施建设先行区和数据要素高效流通先行区
4	碳基新材料	超级电容、三代碳纤维、人造金刚石、石墨烯	国家级碳基新材料研发制造基地
5	光电	LED、光学镜头、相机模组	国家级光电产业基地

序号	产业	发展方向	产业基地
6	特种金属材料	特殊钢、高性能镁铝合金、软磁材料	国家级特种金属材料研发和产业化示范基地
7	先进轨道交通装备	整车研发、轮轴轮对等关键零部件的产业化规模化	全国轨道交通装备制造基地
8	煤机智能制造装备	信息化技术与煤炭开采深度融合	煤机整机与零部件生产基地
9	节能环保	节煤、节油、节水、节电和余热余压利用技术、清洁能源技术、可再生能源利用	国家级节能环保产业示范基地
10	生物基新材料	生物基的聚酰胺、聚酯、碳纤维复合材料	国家级合成生物材料研发制造基地
11	光伏	以多晶硅—硅片—电池片—电池组件—应用为核心的光伏产业链条	全国光伏玻璃生产基地和光伏制造基地
12	智能网联新能源汽车	智能网联、氢燃料电池、锂电池、整车轻量化	新能源汽车产业集群
13	通用航空	构建研发、制造、应用、教育、会展于一体的产业生态	全国重要的通用航空产业试验示范基地
14	现代医药和大健康	原料药及制剂、中成药、新特药、药食同源产品	国家级绿色原料药生产基地

资料来源：《山西省"十四五"14个战略性新兴产业规划》。

目前，山西除了大力发展十四大战略性新兴产业，同时还聚力打造14个标志引领性新兴产业集群。构建产业集群可以形成有效的市场竞争，构建出专业化生产要素优化集聚洼地，使企业共享区域公共设施、市场环境和外部经济，降低信息交流和物流成本，形成区域集聚效应、规模效应、外部效应和区域竞争力。集群不仅能够降低交易成本、提高效率，而且能够改进激励方式，创造出信息、专业化制度等集体财富，更重要的是集群能够改善创新的条件，加速生产率的增长，也更有利于新企业的形成。虽然集群内企业的竞争暂时降低了利润，但相对于其他地区的企业却建立起了竞争优势。

山西省将紧紧围绕"十四五"转型出雏型的目标要求，突出"六新"发展的需要，重点围绕信创、大数据、半导体、光电、光伏等建设"14个战略性新兴产业集群"，以及"农产品精深加工十大产业集群""北斗产业集群""五大百亿级产业集群""旅游产业集群""生物医药和大健康产业集群""智能汽车产业集群""煤层气千亿级产业集群"等众多产业集群。

山西省当前产业科技化,科技产业化的步伐不断加快,积极营造创新驱动战略的良好产业生态环境,把创新驱动作为实现高质量转型发展的逻辑起点,把全力打造一流创新生态作为基础性、全局性、战略性的重大任务。山西战略性新兴产业发展势头良好,为山西省经济转型提供路径。

4. 资本要素环境

资金是创新不可或缺的一大要素,资金是保障企业正常运行的基础,资金短缺会造成企业资金链断裂甚至出现破产可能。所以,在制定创新生态系统中长期发展战略规划时,必须把增加资金投入放在重要位置上加以考虑。

(1) 2015~2019 年山西省工业企业资产状况。根据图 5-14 可知,2015~2019 年山西省工业企业总资产、流动资产和所有者权益呈逐年增长趋势,发展态势良好。这在一定程度上说明了山西省近些年来政府出台的政策的正确性、有效性,还说明作为创新主体的工业企业其总资产不断积累,资金流动率得到提升,整体稳步向前发展。

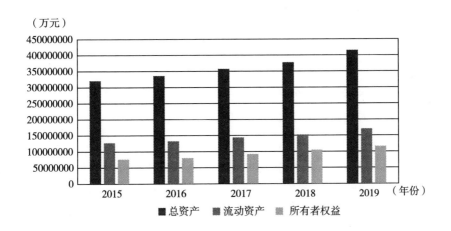

图 5-14 2015~2019 年山西省工业企业资产情况

(2) 山西省 R&D 经费投入情况。科技创新活动高投入、高风险的特点在一定程度上制约着创新生态中科技创新的进一步发展。因此,创新生态的发展需要强大的外力推动,而科技资金就是最大的外力支撑。其中,R&D 资金投入是科技资金的重要组成部分。根据图 5-15 可知，2015~2019 年山西省 R&D 经费投入呈逐年稳步增长的趋势，2019 年达到 191.2 亿元，比 2018 年增加 15.4 亿元，增长 8.8%。

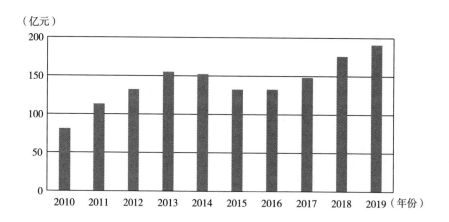

图 5-15 2010~2019 年山西省 R&D 经费投入情况

5. 人才环境

科技是第一生产力，人才是第一资源。科技要发展，人才是关键。人才是提升一个地区发展的核心竞争力，是开展创新活动的基础动力。人才是创新的支柱。高素质的科技创新人才不仅能够推动科技创新、实现成果转化、促进经济增长，而且能够极大地促进地区经济社会的快速发展。

（1）高层次创新人才。根据《山西省人力资源和社会保障厅 2019 年度部门决算》中人才专项资金（平台基地和人才专项省级资金）项目绩效自评综述可知，山西省 2019 年预算数为 4906.6 万元，执行数为 4244.6 万元，完成了预算的 86.5%。项目绩效目标完成情况：一是深入实施高端创新型人才培养引进工程。在晋长期工作的 6 名院士和 34 名国家级学术带头人享受了岗位津贴。二是深入实施新兴产业领军人才培育工程。选拔出 80 名新兴产业领军人才，其中创新型领军人才 71 人，创业型领军人才 9 人。三是深入实施专业技术人才知识更新工程，加大高级研修班项目实施力度。全年举办 26 期省级高级研修班，重点培训高层次急需紧缺专业技术人才 2929 人。四是加强高层次人才载体与平台建设。新设立 34 个院士工作站，6 个博士后科研工作站。五是完成 2019 年度博士后专项补助工作。共补助 173 人，补助总额 519 万元。六是做好留学人员回国来晋服务工作。择优选出 48 个留学人员创新创业项目进行重点扶持，资助总额 313 万元。

（2）专业技术人才。由图 5-16 可知，2015~2019 年山西省专业技术人才中，工程技术人员数量最多，且处于平稳增加趋势；卫生技术人员数量变化不大，处于平稳发展态势；数量最少的是农业技术人员，且处于缓慢流失趋势。

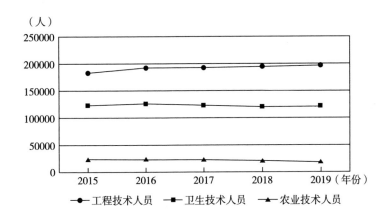

图 5-16　2015~2019 年山西省技术人员数量

（3）科技研发人才。根据图 5-17 可知，2015~2019 年山西省科研人员数量在 2018 年有少量流失，相较 2017 年的 78142 人，下降了 2.9%，到 2019 年科研人员数量为 78778 人，达到了近 5 年来的最高值。整体来看，山西省科研人员数量在 2018 年虽有小幅度波动，但整体趋于平稳上升态势。本科及以上学历科研人员数量占比在 2017 年高达 72.8%，之后两年呈下降趋势，2019 年整体科研人员数量虽有所增加，但高层次科研人员占比稍有减少。

6. 创新文化

创新文化是创新系统中的创新环境土壤，是整个经济社会创新与发展的价值观与精神架构，包含精神层面与社会层面，决定了创新的精神价值内核和社会基础。

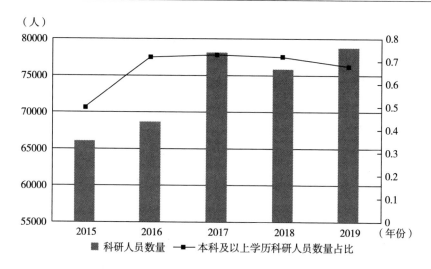

科研人员数量 ■ 本科及以上学历科研人员数量占比

图 5-17　2015~2019 年山西省科研人员数量与高学历人员占比

山西是华夏文化的发源地之一，也是文化大省，有着得天独厚的文化资源和精神标识。从尧舜禹到元明清，经过数千年的演进，形成了别具特色的地域文化。创新文化是打造山西创新生态系统的重要组成部分，是创新生态系统的灵魂。文化产业是创意产业，文化产业的本质特征即创新。因此，文化产业要立足创意，着眼创新。根据表 5-16 可知，2013 年山西斥资近百亿元建设了长风商务文化区，主要包括山西大剧院、山西省博物馆、山西省美术馆、山西省图书馆以及太原煤炭交易中心，形成了山西独具一格的地标性建筑群。为山西省文化产业交流及发展都提供了平台，成功地举办了多场大型活动，涉及领域非常广泛并与国际接轨，充分满足了山西人民对精神文化的需求。2018 年全省共有博物馆 152个，博物馆参观人数 2533 万人次；群众文化机构 1539 个，其中从业人员有 4454人；公共图书馆 128 个；艺术表演团体机构有 795 个，艺术表演团体国内演出9.57 万场次，演出观众高达 4848.47 万人次；文化市场机构数 4884 个，文物业机构数有 400 个。

7. 创新政策

科技创新政策是指决策者为实现所辖区域的科技进步和经济增长而对社会公

表 5-16　山西文化产业基础设施建设

	文化事业费（万元）	公共图书馆机构数（个）	公共图书馆总流通人次（人）	群众文化机构数（个）	群众文化机构从业人员（人）	艺术表演团体机构数（个）	艺术表演团体演出场次（万场次）	艺术表演团体国内演出观众人次（万人次）	文化市场机构数（个）	文物业机构数（个）	文物业从业人员（人）	博物馆数（个）	博物馆参观人次（万人次）
2011	111854	126	398	1535	4351	308	5.3	4283	6122	225	6057	89	1102.65
2012	131218	126	475.16	1538	4453	301	5.07	5258.77	5214	225	6106	92	1247.16
2013	141055	127	603	1538	4773	226	3.93	3700.76	2045	336	6197	97	1029.9
2014	140919	126	675.77	1538	4663	351	5.54	3592.06	4721	339	6917	99	1221.54
2015	182007	126	830.29	1540	4442	456	6.11	3951.5	4958	343	7240	100	1465.58
2016	197818	127	981.356	1540	4482	546	9.251	4642.21	5438	348	7632	105	1459.579
2017	222493	128	1189.57	1540	4542	665	10.26	5692.74	5031	388	8403	138	2467.54
2018	233500	128	1620.4	1539	4454	795	9.57	4848.47	4884	400	8875	152	2533

资料来源：根据《中国文化文物统计年鉴》《中国文化和旅游统计年鉴》整理得出。

共资源进行权威性倾斜分配的工具，对实现创新发展具有极为重要的作用。① 不同国家的政策体系不同、力度不同，对科技型企业发展的推动力也不同，政府应立足于技术创新来制定促进科技型企业发展的政策。②

近年来，为加快推进创新型省份建设，完成区域经济转型升级目标任务，深入推进以科技创新为核心的全面创新，促进发展动能向创新驱动转变，激发广大科研人员、科研企业参与创新型省份建设的积极性，山西省政府出台了一系列科技创新政策来支持和引导山西省的科技创新发展，如财政支持政策、人才激励政策、金融扶持政策、知识产权政策、技术创新政策、创新基础与服务体系建设政策等。

（1）财政支持政策。2014年，山西省政府发布的《山西省省级财政科研项目和资金管理办法（试行）》提出，重点加强基础研究和应用研究。充分尊重专家意见，通过同行评议、公开择优的方式确定研究任务和承担者。引导支持企业增加基础科研投入，与高等学校、科研院所联合开展基础研究，推动基础研究与应用研究的紧密结合。突出人才培养，强化对优秀人才和团队的支持。营造"鼓励探索、宽容失败"的创新环境。2017年，山西省财政厅发布的《建立加大研究与试验发展（R&D）经费投入奖励机制实施办法（试行）》提出，对投入强度全省排名前十位的企业，主营业务收入2亿元以上的最高奖励400万元，1亿~2亿元的最高奖励300万元，低于1亿元的最高奖励200万元；对投入强度全省排名前三位的市，投入强度高于上年全国平均水平的奖励300万元，低于上年全国平均水平的奖励200万元；对投入强度全省排名前十位的县（市、区），投入强度高于上年全国平均水平的奖励100万元，低于上年全国平均水平的奖励50万元。2019年，山西省财政厅发布的《省级支持科技创新若干政策专项资金管理办法》表示，对2017年以来立项牵头承担国家科技重大专项和重点研发计划项目或课题的研发团队，按所承担项目或课题在2020年度实际获得国拨经费的5%进行奖励，每个项目或课题累计最高奖励60万元。

（2）人才政策。山西省出台了一系列关于人才引进、人才培育、人才激励

---

① 蒲则文. 山西省科技创新政策效果评估 [J]. 经济师, 2020 (1): 25-26+29.
② 张继宏, 爨瑞. 山西省科技型中小企业创新政策系统研究——资源型经济转型综改背景 [J]. 科技与法律, 2019 (2): 86-94.

等的人才优惠政策。在人才引进方面，山西省出台一系列人才引进计划，包括"省引进海外高层次人才'百人计划'""三晋学者计划""高端创新型人才培养计划""新兴产业领军人才计划""山西省青年拔尖人才支持计划""科技创新团队培育计划""引进外国人才项目"等。在人才培养方面，鼓励高校为"1331 工程"引进和培养人才。从 2017 年起，省财政每年安排专项资金支持全省高校实施"1331 工程"，统筹推进"双一流"建设。各高校可统筹使用此项资金为"3"个重点和"3"个平台建设引进人才，也可用于培养人才。建立对高校需求导向绩效考核动态调整机制，按照高校毕业生就业第三方评估结果，对毕业生就业率连续两年高于就业率考核要求的院校，统筹使用教育类相关资金给予奖励扶持。在人才激励方面，鼓励优秀博士毕业生来山西省工作。世界排名前 200 名的高校（不含境内）、"985"高校或教育部认定的"世界一流学科"全日制博士毕业生到我省高校、科研机构、企业工作且签订不少于 5 年劳动合同的，在用人单位引进待遇政策的基础上，省财政给予每人 10 万元生活补助、给予不低于 5 万元科研经费。鼓励引进人才主持科研项目。统筹使用省级应用基础研究计划、平台基地计划、重点研发计划、科技重大专项和科技成果转化引导专项（基金），对引进人才主持的科研项目给予优先大力支持，确保引进来、用得上。①

（3）创新基础与服务体系建设政策。山西为顺应网络时代大众创业、万众创新的新趋势，加快发展众创空间等新型创业服务平台，落实大型科学仪器资源共享管理，并鼓励科研创新和基金管理机构落户山西。重点依托各地市、高校和高新区，增加众创空间的数量，并设立扶持众创空间发展专项资金，用于众创空间的开办、众创服务平台的建设、场地租赁、宽带接入、公共软件开发等经费补助和参股众创空间种子基金等，为广大创新创业者提供良好的工作空间、网络空间、社交空间和资源共享空间。在山西省内实现大型科学仪器资源共享，山西区域内的高等院校、科研院所、企业将其所拥有的科技资源面向社会开放共享，由其他单位和个人（统称用户）用于科学研究和技术开发等科技创新创业活动，并按照"统筹资源、制度推动、分类管理、奖惩结合"的原则，建立健全科技资源开放共享制度，建成全省统一开放的科技资源网络管理服务平台，形成覆盖

---

①　王璟. 山西高端人才引进策略分析［J］. 经济师，2016（3）：16-20.

全省的科技资源服务体系，实现科技资源配置、管理、服务、监督、评价全链条有机衔接，基本解决科技资源分散、重复、封闭、低效的问题，资源利用率和开放共享水平进一步提高，专业化服务能力明显增强，对科技创新的服务和支撑作用大幅度提升。鼓励科研创新和基金管理机构、各类中介机构帮助引进注册各类科技创新基金管理公司落户山西。科研分支机构与创新团队携带科研创新成果来山西进行开发转化的，用省级科技成果转化基金或其他政府性基金给予支持，并享受山西省的基金优惠政策，以及科技成果转化风险补偿政策。使用银行贷款的，享受山西省的科研项目融资贴息试点政策，利用自身科技资源优势独立或联合开展科研创新工作的，视同本省科研机构，用省级科技经费优先支持。对著名基金管理公司落户山西的，在同等条件下，优先将本省各类投资基金委托经营管理，对所建立的子基金和子基金投资项目，根据其投资规模、投资效益及经济贡献程度等，给予适当奖励。对成功引进国际国内著名科研创新机构的中介服务机构，由省财政奖励 100 万元。引进机构正式设立并开展实质性工作后，根据机构实际运行情况，分三年陆续支付奖励资金。对成功引进创新团队的中介服务机构，属于携带科技成果进行开发转化的，由省财政奖励 10 万元，创新团队正式设立机构后，支付 5 万元，产品推向市场后支付 5 万元。属于高水平人才创新团队的，正式设立机构并开展科研创新工作的，奖励 5 万元。对成功引进基金管理公司的，属于著名基金管理公司的，由省财政奖励 20 万元。属于其他基金管理公司的，奖励 10 万元。基金管理公司正式注册并开展实质性工作后，原则上一次性支付奖励资金。

（4）知识产权政策。2016 年山西省人民政府出台《关于新形势下推进知识产权强省建设的实施意见》，明确提出强化知识产权创造能力、提升知识产权运用水平、优化知识产权管理体制、严格知识产权保护、完善知识产权服务体系 5 项重点任务。2019 年山西省政府又发布《山西省全面推进知识产权强省建设行动方案》，提出从构建高价值专利培育体系、构建知识产权大保护体系、加快知识产权转化运用三个方面来推进山西知识产权强省建设。其中，在构建高价值专利培育体系方面，充分发挥科研项目经费等公共财政资源的导向作用，财政研发经费可以用于项目研究过程中需要支付的专利申请及其他知识产权事务费用。激发专利创造活力，鼓励各类创新主体开展发明专利创造活动，积极开展针对企业、科研院所、高等院校的发明专利创造激励考核。实施商标品牌战略，引导企业制订商标品牌发展规划，提高商标管理水平，形成良好的企业商标文化。实施知识产权强企工程，推进国家级、省级知识产权示范、优势企业培育工作，对新列入国家知识产权示范、优势企业的，分别给予20万元、10万元奖励。支持产业知识产权联盟建设，以战略性新兴产业领域重点企业为主体，优化整合联盟内部资金、技术、人才、政策等资源配置，鼓励和支持产业知识产权联盟建设。在构建知识产权大保护体系方面，优化知识产权保护环境，加强知识产权维权援助，构建知识产权大保护、快保护格局，强化知识产权信息化平台建设，营造知识产权发展良好氛围。在加快知识产权转化运用方面，实施专利导航工程，开展知识产权质押融资工作，实施产业规划类、企业运营类专利导航项目，鼓励企业开展知识产权质押融资和保险业务，推动专利导航和知识产权金融服务融入科技创新、产业规划、企业发展战略全流程。加强版权示范创建工作，对国家级版权示范单位、示范园区（基地）一次性分别给予30万元、50万元奖励。培育高价值专利组合和知识产权密集型产业，鼓励各类开发区和产业园区运用专利分析、专利导航等手段，构建以集聚区企业为主导，科研院所、高等学校、金融机构、中介服务机构等多方参与的知识产权运用体系，大力培育高价值专利组合，打造知识产权密集型产业集聚区。支持知识产权运营机构发展，培育一批专业化、综合性的知识产权运营服务机构，对山西省纳入国家知识产权运营服务体系、年度主营业务收入达到1000万元以上的知识产权运营机构一次性给予100万元奖励；对省级知识产权运营示范机构、分析评议示范机构、服务品牌机构或国家级知识产权运营试点、分析评议试点、服务品牌培育机构一次性给予10万元奖励；对国家级知识产权运营示范机构、分析评议示范机构、服务品牌机构一次性给予20万元奖励。提升知识产权服务机构整体水平。支持知识产权服务机构加强资源整合，提高服务质量，从基础代理向专利运营、分析预警、价值评估、诉讼维权等高端服务攀升。支持山西省知识产权服务联盟、专利代理协会等开展评先争优活动，评选优秀专利申请文件和知识产权服务机构；对发明专利授权率达到当年全国平均水平、发明专利代理量达到当年全省代理机构平均数量的代理服务机构，按照发明专利授权率择优奖励不超过10家，每家资助20万元。

（5）技术创新政策。2017年山西省发布《鼓励为科技创新和成果转化提供中间服务实施办法（试行）》，明确提出支持中介机构通过提供中介服务，实现企业与高校、科研机构联合开展科研创新合作，实现高校、科研机构的科技成果在省内落地转化。2018 年山西省科技厅发布《山西省科学技术奖励办法》，提出设立省科学技术奖，并提出省科学技术奖的推荐、评审和授予实行公开、公平、公正原则。2018 年山西省政府印发了《山西省促进科技成果转移转化行动方案》，从精准转移转化科技成果、促进各类创新主体转移转化科技成果、构建科技成果转移转化服务体系、加快培育科技成果转移转化人才队伍等方面促进山西省科技成果转化。2020 年，《山西省创新驱动高质量发展条例》获得通过，从科技创新、产业创新、人才支撑、环境优化和体系建设等方面，为调动科研人员积极性、释放科技创新活力提供了解决方案和法律保障。

（6）金融政策。2018 年山西省政府发布《关于创新机制推进科技与金融结合的实施意见》，围绕科研开发和成果转化的融资需求，单设一批科技金融服务专营机构和专业团队，推广一批科技金融产品和服务，推动一批科技企业挂牌融资，培育一批科技创业投资机构，打造一批具有典型示范和带动作用的科技金融结合示范项目，发展一批主营业务突出、竞争力强、成长性好、专注于细分市场的专业化科技"小巨人"，建立科技金融财税补贴和风险补偿机制，创优科技与金融结合的体制机制。同时，针对小微企业融资难的问题，山西省发布了《关于进一步深化小微企业金融服务缓解融资难融资贵的意见》，主要从完善机制建设、发挥各类金融机构、金融服务功能和优化营商环境三大方面促进缓解小微企业融资难融资贵问题。

二、硬环境

1. 区位环境

山西省是中国内陆省份，位于黄土高原上，黄河中游东岸，华北平原西部。东面以太行山为界，毗邻河北；西部和南部通过黄河与陕西和河南相望；北部与内蒙古接壤。山西省地处中部，是黄河流域重要省份之一，毗邻京津冀科技创新和数字产业发展中心区，区位优势明显。山西省推进新基础设施开放合作，加快进出口步伐，积极融入"一带一路"、京津冀，与长三角合作，对接粤港澳大湾区。它是科技成果转化和数字产业参与的最佳场所。

2. 基础设施

基础设施为创新生态系统的创新活动提供了必不可少的、便利的创新条件，如交通运输基础设施、邮政业基础设施、互联网信息基础设施、创新基础设施等，健全的基础设施还可以推动各个创新主体进行创新活动、促进创新成果的转化。

根据表 5-17 可知，就交通基础设施而言，截至 2019 年，山西省铁路营业里程达到 5890 千米，相比 2011 年的 3774 千米增长了 56.1%。其中，每百平方千米铁路平均里程由 2011 年的 2.4 千米增长至 2019 年的 3.8 千米。公路通车里程达到 144283 千米，相比 2011 年的 134808 千米增长了 7.0%。其中，每百平方千米公路平均里程由 2011 年的 86.0 千米增长至 2019 年的 92.3 千米。

表 5-17 2011~2019 年交通运输路线长度 单位：千米

年份	铁路营业里程	每百平方千米铁路平均里程	公路通车里程	每百平方千米公路平均里程
2011	3774	2.4	134808	86.0
2012	3775	2.4	137771	87.9
2013	3786	2.4	139434	89.1
2014	4980	3.2	140436	89.9
2015	5086	3.2	140960	90.0
2016	5293	3.4	142066	90.7
2017	5317	3.4	142855	91.2
2018	5428	3.5	143326	91.7
2019	5890	3.8	144283	92.3

资料来源：根据 2012~2020 年《山西省统计年鉴》整理得出。

根据表 5-18 可知，就邮政业基础设施而言，截至 2019 年，山西省邮政支局所达 1645 处，相比于 2011 年的 1526 处增长了 7.8%。邮路长度（单程）为 115074 千米，比 2018 年增加 6272 千米。山西省邮政行业业务总量完成 116.3 亿元，同比增长 23.6%。

表 5-18　2011~2019 年邮政行业基本情况

年份	邮政支局所（处）	邮路长度（千米）	邮政行业业务总量（亿元）
2011	1526	213310	26.3
2012	1516	169908	30.5
2013	1483	150648	34.1
2014	1518	87520	36.6
2015	1582	86946	43.1
2016	1636	93323	56.9
2017	1637	104080	72.4
2018	1639	108802	94.1
2019	1645	115074	116.3

资料来源：根据 2012~2020 年《山西省统计年鉴》整理得出。

  根据表 5-19 可知，互联网信息化发展建设持续深化，截至 2019 年，山西省注册域名数量达 82.1 万个，居全国第 20 位；备案的互联网网站总数达 5.8 万个；IPv4 地址数量共计 434 万个，居全国第 19 位；互联网宽带接入用户数达到 1126.1 万户，居全国第 18 位；移动宽带网络覆盖能力稳步提升，电信业务总量达到 2375.2 亿元。互联网基础资源管理持续强化，信息化发展状况逐渐转好。

表 5-19　信息化发展状况

年份	互联网域名数	互联网网站数	互联网网页数	IPv4 地址数	移动电话普及率（部/百人）	互联网普及率	互联网接入端口数	宽带接入用户数（万户）	流量接入（万 G）	电信业务总量（亿元）
2011	5.7	1.77	43595.07	14.7	68.5	39.3	639.2	416.1	38.9	279.3
2012	7.1	2.2	41326.8	86.6	76.9	44.2	737.4	504.8	229.8	308.5
2013	8.2	3.5	412507.8	467.5	85.6	48.6	881.7	521.3	1240.8	358.2
2014	13.2	3.6	453314.0	428.3	91.4	50.6	996.8	571.1	3722.5	394.6
2015	21.5	5.0	217518.1	182.4	88.5	54.2	1345.9	723.9	6779.9	472.8
2016	23.9	5.3	427968.4	182.4	91.5	55.5	1582.9	747.2	16817.8	328.7
2017	24.5	5.5	327970.9	433.5	98.5	56.8	1840.1	872.9	49212.9	584.2
2018	107.6	5.7	251338.4	433.8	114.4	58.2	1989.1	991.0	145721.1	1370.1
2019	82.1	5.8	383103.9	434.0	107.2	65.4	2148.1	1126.1	269032.1	2375.2

资料来源：根据 2012~2019 年《山西省统计年鉴》《中国信息年鉴》和《山西省互联网发展报告（2019 年）》整理得出。

此外，山西省创新基础设施建设加快推进，创新能力明显提升。截至"十三五"期末，山西省已有国家级重点实验室 5 个，国家级工程（技术）研究中心 2 个，国家工程实验室 3 个，省级重点实验室 97 个，省级工程研究中心 81 个，教育部省部共建协同创新中心 6 个，国家学科创新引智基地 2 个，教育部工程研究中心 7 个。

3. 自然环境

在自然环境中，按生态系统可分为水生环境和陆生环境。水生环境包括海洋、湖泊、河流等水域。陆生环境范围小于水生环境，但其内部的差异和变化却比水生环境大得多。随着生产力的发展和科学技术的进步，会有越来越多的自然条件对社会发生作用，自然环境的影响范围会逐渐扩大。对于创新而言，水资源、林业资源、能源储存量等自然条件是维持创新的基本动力要素，环境污染与治理则在一定程度上反映了创新对自然环境的破坏与回馈。

根据表 5-20 可知，2019 年山西省水资源总量为 97.3 亿立方米，较上年减少 20.2%，其中，地表水资源量为 58.5 亿立方米，地下水资源量为 82.5 亿立方米，二者重复计算量 43.7 亿立方米。

表5-20　水资源总量　　　　　　　　　　　　　单位：亿立方米

年份	水资源总量	地表水资源量	地下水资源量
2011	124.3	76.7	94.9
2012	106.3	65.9	88.3
2013	126.6	81.1	96.9
2014	111.3	65.5	96.9
2015	93.9	53.8	86.4
2016	134.1	88.9	104.9
2017	130.2	87.9	104.1
2018	121.9	81.3	100.29
2019	97.3	58.5	82.5

资料来源：根据 2012~2020 年《山西省统计年鉴》整理得出。

根据表 5-21 可知，截至 2018 年底，山西省森林面积达到 321.1 万公顷，森林覆盖率达到 20.5%，历史性超过全国平均水平。人工林面积由 2011 年的 102.7 万公顷增长为 2018 年的 167.6 万公顷，提高了 63.19%。近年来，山西省全面实施以生态建设为主的林业发展战略，在全面推进林业发展方面取得了显著成绩。

表 5-21　林业资源总量

年份	森林覆盖率（%）	林地面积（万公顷）	森林面积（万公顷）	人工林面积（万公顷）	天然林面积（万公顷）	湿地面积（万公顷）
2011	14.1	754.6	221.1	102.7	129.5	499900
2012	14.1	754.6	221.1	102.7	129.5	499900
2013	18.0	765.6	282.4	131.8	129.5	151900
2014	18.0	765.6	282.4	131.8	129.5	151900
2015	18.0	765.6	282.4	131.8	129.5	151900
2016	18.0	765.6	282.4	131.8	129.5	151900
2017	18.0	765.6	282.4	131.8	129.5	151900
2018	20.5	787.3	321.1	167.6	153.5	151900

资料来源：根据 2012~2019 年《中国林业统计年鉴》整理得出。

众所周知，山西省能源储备丰富，是我国主要的能源生产基地，煤炭资源储量更是处于全国第一位。根据表 5-22 可知，截至 2019 年，山西省煤炭储量为 916.2 亿吨，原煤生产量为 98795.0 万吨；天然气生产量为 82.6 亿立方米，较 2013 年增长了 72.11%。

表 5-22　主要能源储量与产量

年份	天然气储量（亿立方米）	煤炭储量（亿吨）	原煤生产量（万吨）	焦炭生产量（万吨）	天然气生产量（亿立方米）	发电量（亿千瓦时）	水力发电量（亿千瓦时）	火力发电量（亿千瓦时）
2011	—	834.6	—	9010	—	2344	34.6	2301.7
2012	—	908.4		8608	—	2546	43.8	2456.1
2013		906.8		9022	25.1	2641	38.9	2551.3
2014	75.9	920.9	92793.7	8766	31.6	2679	33.1	2566.6
2015	419.1	921.3	96679.9	8040	43.1	2449	29.3	2330.3
2016	413.8	916.2	83043.7	8186	43.2	2535	37.5	2362.9
2017	413.8	916.2	87221.4	8383	46.8	2861	42.5	2607.2
2018	413.8	916.2	92677.3	9252	53.1	3203	43.2	2853.4
2019	413.8	916.2	98795.0	9700	82.6	3362	49.1	2960.8

资料来源：根据 2012~2020 年《中国环境统计年鉴》《中国能源统计年鉴》整理得出。

第六章 山西省创新生态系统适宜度
实证分析与评价

第一节 创新生态系统生态位适宜度评价指标构建

自然生态系统生态位适宜度是指种群所处环境条件与最佳环境条件的趋近程度，应用在创新生态系统理论中则反映创新物种、生态因子的现实生态位与理论最佳生态位之间的差距。借鉴生态位适宜度概念，本书在先前学者研究的基础上，尝试从创新物种、创新资源、创新环境三个方面设计区域创新生态系统的适宜度评价指标体系。

一、创新生态系统生态位适宜度评价指标体系构建原则

科学的实证评价与准确的数据来源、科学的指标体系以及良好的模型构建紧密相关。本书在评价指标选择上，遵循科学性、可比性、简明性、系统性等原则。

（1）科学性原则。指标体系一定要建立在创新生态理论基础上，注重选取与区域技术吸纳能力相关的影响因素作为度量指标，指标概念必须明确，能够客观、真实地反映区域技术吸纳的现状。

（2）可比性原则。指标的选择要保证具有可比性，即每一个评价对象的公

平性和可比性在所建立的评价指标体系中必须得到充分体现，并且保证不同地区的技术吸纳指标具有可比性，同一地区的技术吸纳指标在不同时间具有可比性。

（3）简明性原则。指标体系应简单明了，要避免相同或相近的变量重复出现。同时，数据的获取渠道尽量简捷，数据的处理过程尽量简单易懂，避免数据过于烦琐导致的误差。

（4）系统性原则。为了保证评价的全面性和可信度，指标的选取既要能够反映整个创新生态系统的发展变化，又要能够反映各个创新群落的发展趋势。同时要尽量做到区域技术吸纳能力评价的准则层能够指导指标层，区域技术吸纳能力评价的指标层能够反映准则层。此外，指标体系的层次结构要清晰，以为衡量评价效果和确定指标的权重提供方便。

二、创新生态系统生态位适宜度评价指标体系构成

为了对山西省区域创新生态系统进行分析，本书从山西省区域创新活动发展实际出发，结合相关数据的可获得性，在前人研究的基础上，从创新生态系统中的创新物种、创新资源以及创新环境三个方面构建指标体系。

（1）创新物种。为了全面反映创新生态物种的主体规模、物种数量对创新的基础支撑，从企业、高校和科研机构三个方面，选取了3项指标，分别是"高等院校数""有R&D企业数""R&D机构数"。

（2）创新资源。生态资源可分为基础设施和资本要素两个方面，为了更准确客观地反映基本资源对创新生态系统的影响，在基础设施方面选取了"人均拥有公共图书馆藏量""互联网宽带接入口""科技馆数量"3项指标，在资本要素方面选取了"财政性教育经费""R&D投入强度""高等院所专任教师数量"3项指标。

（3）创新环境。将创新生态环境细化分为五个方面，包括基础环境、生态环境、经济环境、科技环境和对外开放水平，以反映一个地区的基本发展情况、未来发展潜力、消费水平、经济运行情况和对外开放水平。基础环境选取了"城市人口密度""建成区绿化覆盖率""生活垃圾清运量"3项指标；生态环境选取了"人均日生活用水量""城市污水日处理能力""CO_2排放量"3项指标；

经济环境选取了"人均 GDP""居民可支配收入""环境污染治理投资总额"3
项指标；科技环境选取了"R&D 人员折合全时当量""技术市场成交额""高新
技术产业新产品销售收入"3 项指标。对外开放水平选取了"进出口总额""国
外技术引进合同数"2 项指标。如表 6-1 所示。

表 6-1　创新生态系统生态位适宜度指标体系

目标层	子目标层	一级指标	二级指标	编号
创新生态系统	创新物种	高校	高等院校数	X_1
		企业	有 R&D 企业数	X_2
		科研机构	R&D 机构数	X_3
	创新资源	基础设施	人均拥有公共图书馆藏量	X_4
			互联网宽带接入口	X_5
			科技馆数量	X_6
		资本要素	财政性教育经费	X_7
			R&D 投入强度	X_8
			高等院所专任教师数量	X_9
	创新环境	基础环境	城市人口密度	X_{10}
			建成区绿化覆盖率	X_{11}
			生活垃圾清运量	X_{12}
		生态环境	人均日生活用水量	X_{13}
			城市污水日处理能力	X_{14}
			CO_2 排放量	X_{15}
		经济环境	人均 GDP	X_{16}
			居民可支配收入	X_{17}
			环境污染治理投资总额	X_{18}
		科技环境	R&D 人员折合全时当量	X_{19}
			技术市场成交额	X_{20}
			高新技术产业新产品销售收入	X_{21}
		对外开放水平	进出口总额	X_{22}
			国外技术引进合同数	X_{23}

三、数据来源及预处理

1. 数据来源

依据数据的可获得性，由于西藏部分数据难以获得，参考价值较小，本书将除西藏和港澳台地区外的 30 个省份①作为研究对象，选取 2011~2019 年的各指标数据。本书的原始数据主要来源于历年的《中国统计年鉴》《中国科技统计年鉴》《中国火炬统计年鉴》以及各省统计年鉴。

2. 预处理

上述创新生态系统生态位适宜度指标体系中共包含 23 个实测指标，由于各项指标原始数据具有不同的量纲单位，无法直接进行量化计算和比较。因此需要对搜集的原始数据进行无量纲化处理，将各项指标的原始绝对值转化为相对值，进而消除量纲影响。基于创新生态系统健康性评价的需要，为了使评价结果处于 [0, 1] 的区间范围，本书采用较常用的极值法对原始数据进行标准化处理。

假设有 m 个创新生态系统（本书选取 30 个省份），评价指标体系的生态因子有 n 个（本书选取 23 个指标）。假设有 m 个创新生态系统（本书选取 30 个省份），评价指标体系的生态因子有 n 个（本书选取 23 个指标），则可记为 X_j（$j=$ 1, 2, 3, …, n）。收集整理相关评价指标的具体数值，可得判断矩阵：

$$R = (r_{ij})_{m \times n} \quad (i = 1, 2, \cdots, m; j = 1, 2, \cdots, n)$$

其中，r_{ij} 表示第 i 个生态系统在第 j 个生态因子上的具体数值，因为存在指标单位差异，为了消除量纲影响，采用极值法将判断矩阵标准化：

$$r'_{ij} = \frac{r_{ij} - \min_i |r_{ij}|}{\max_i r_{ij} - \min_i r_{ij}} \tag{6-1}$$

进而得到进行无量纲处理后的判断矩阵：

$$R' = (r'_{ij})_{m \times n} \quad (i = 1, 2, \cdots, m; j = 1, 2, \cdots, n)$$

具体数据如表 6-2 所示。

---

① 本书涉及的 30 个省份中，内蒙古自治区统一简称为"内蒙古"，广西壮族自治区统一简称为"广西"，西藏自治区统一简称为"西藏"，宁夏回族自治区统一简称为"宁夏"，新疆维吾尔自治区统一简称为"新疆"。

表6-2 2011~2019年各省省份生态因子无量纲均值

省份	X_1	X_2	X_3	X_4	X_5	X_6	X_7	X_8	X_9	X_{10}	X_{11}	X_{12}	X_{13}	X_{14}	X_{15}	X_{16}	X_{17}	X_{18}	X_{19}	X_{20}	X_{21}	X_{22}	X_{23}
北京	0.528	0.071	1.000	0.304	0.273	0.410	0.373	1.000	1.000	0.085	0.993	0.304	0.516	0.248	0.077	0.967	0.959	0.606	0.454	1.000	0.157	0.363	0.344
天津	0.297	0.105	0.107	0.292	0.082	0.005	0.149	0.434	0.232	0.494	0.284	0.067	0.150	0.121	0.124	0.906	0.486	0.132	0.179	0.123	0.195	0.112	0.124
河北	0.718	0.082	0.155	0.011	0.546	0.193	0.422	0.122	0.646	0.316	0.611	0.246	0.138	0.272	0.590	0.181	0.131	0.577	0.171	0.023	0.138	0.051	0.030
山西	0.454	0.019	0.390	0.058	0.228	0.050	0.223	0.109	0.354	0.500	0.534	0.155	0.105	0.098	0.474	0.136	0.117	0.376	0.077	0.016	0.045	0.015	0.007
内蒙古	0.266	0.015	0.205	0.120	0.150	0.249	0.207	0.045	0.207	0.062	0.432	0.117	0.000	0.085	0.468	0.488	0.241	0.536	0.052	0.010	0.028	0.012	0.004
辽宁	0.691	0.069	0.313	0.203	0.440	0.290	0.283	0.215	0.531	0.115	0.507	0.360	0.226	0.398	0.571	0.379	0.294	0.367	0.158	0.082	0.147	0.100	0.137
吉林	0.323	0.016	0.240	0.137	0.179	0.170	0.153	0.082	0.324	0.312	0.245	0.179	0.111	0.141	0.143	0.270	0.141	0.085	0.077	0.031	0.080	0.020	0.120
黑龙江	0.464	0.020	0.384	0.084	0.239	0.117	0.190	0.097	0.385	0.835	0.268	0.224	0.127	0.255	0.231	0.154	0.137	0.185	0.097	0.035	0.022	0.027	0.007
上海	0.365	0.121	0.312	1.000	0.287	0.491	0.324	0.589	0.331	0.654	0.394	0.264	0.589	0.381	0.210	0.938	1.000	0.194	0.308	0.211	0.341	0.452	1.000
江苏	1.000	0.992	0.326	0.226	0.912	0.265	0.769	0.376	0.978	0.211	0.684	0.581	0.710	0.856	0.578	0.718	0.442	0.916	0.897	0.183	0.913	0.558	0.418
浙江	0.626	0.840	0.217	0.316	0.744	0.395	0.554	0.334	0.530	0.180	0.547	0.513	0.614	0.441	0.318	0.610	0.605	0.522	0.645	0.061	0.676	0.351	0.302
安徽	0.714	0.202	0.223	0.029	0.356	0.241	0.376	0.255	0.517	0.280	0.586	0.185	0.474	0.278	0.219	0.136	0.137	0.501	0.223	0.052	0.231	0.047	0.109
福建	0.512	0.187	0.213	0.178	0.400	0.440	0.285	0.193	0.368	0.327	0.710	0.240	0.566	0.189	0.174	0.502	0.328	0.236	0.231	0.016	0.155	0.165	0.059
江西	0.565	0.098	0.263	0.069	0.240	0.074	0.303	0.113	0.457	0.729	0.835	0.125	0.461	0.113	0.110	0.134	0.137	0.306	0.089	0.019	0.095	0.039	0.060
山东	0.876	0.339	0.520	0.081	0.763	0.449	0.721	0.307	0.954	0.086	0.646	0.516	0.194	0.512	1.000	0.424	0.254	0.957	0.508	0.103	0.578	0.255	0.245

续表

省份	X₁	X₂	X₃	X₄	X₅	X₆	X₇	X₈	X₉	X₁₀	X₁₁	X₁₂	X₁₃	X₁₄	X₁₅	X₁₆	X₁₇	X₁₈	X₁₉	X₂₀	X₂₁	X₂₂	X₂₃
河南	0.791	0.150	0.270	0.000	0.555	0.203	0.592	0.131	0.921	0.809	0.434	0.346	0.092	0.308	0.380	0.167	0.100	0.408	0.274	0.019	0.197	0.064	0.024
湖北	0.765	0.153	0.302	0.092	0.336	1.000	0.325	0.254	0.701	0.276	0.410	0.318	0.670	0.312	0.237	0.292	0.179	0.389	0.244	0.183	0.222	0.041	0.079
湖南	0.748	0.195	0.286	0.047	0.336	0.154	0.375	0.185	0.581	0.455	0.481	0.246	0.672	0.280	0.188	0.194	0.163	0.248	0.203	0.037	0.253	0.030	0.029
广东	0.884	0.604	0.463	0.146	0.999	0.586	1.000	0.359	0.887	0.417	0.656	1.000	0.927	1.000	0.499	0.491	0.397	0.390	0.990	0.207	0.948	1.000	0.269
广西	0.411	0.031	0.269	0.085	0.281	0.053	0.296	0.041	0.340	0.134	0.433	0.120	0.954	0.343	0.137	0.102	0.094	0.212	0.066	0.005	0.063	0.044	0.023
海南	0.047	0.001	0.024	0.107	0.036	0.191	0.028	0.002	0.047	0.218	0.565	0.034	0.927	0.026	0.023	0.179	0.152	0.006	0.005	0.000	0.004	0.012	0.023
重庆	0.348	0.073	0.028	0.072	0.225	0.115	0.215	0.208	0.324	0.170	0.580	0.149	0.329	0.126	0.076	0.302	0.185	0.197	0.107	0.027	0.149	0.064	0.116
四川	0.647	0.090	0.404	0.054	0.569	0.205	0.529	0.210	0.730	0.353	0.481	0.328	0.633	0.264	0.240	0.142	0.106	0.267	0.214	0.095	0.112	0.062	0.141
贵州	0.325	0.025	0.158	0.035	0.141	0.106	0.268	0.034	0.246	0.333	0.265	0.084	0.393	0.070	0.136	0.044	0.011	0.127	0.036	0.014	0.019	0.007	0.005
云南	0.401	0.038	0.245	0.050	0.196	0.127	0.346	0.059	0.311	0.411	0.435	0.123	0.189	0.106	0.118	0.046	0.052	0.141	0.059	0.014	0.022	0.023	0.021
陕西	0.549	0.047	0.241	0.051	0.255	0.153	0.284	0.298	0.548	0.765	0.504	0.178	0.393	0.133	0.275	0.265	0.108	0.274	0.162	0.193	0.050	0.028	0.009
甘肃	0.231	0.018	0.235	0.088	0.106	0.123	0.162	0.119	0.214	0.566	0.023	0.080	0.230	0.058	0.105	0.011	0.000	0.101	0.037	0.034	0.020	0.006	0.001
青海	0.000	0.000	0.011	0.156	0.000	0.025	0.000	0.027	0.000	0.331	0.044	0.000	0.477	0.000	0.014	0.168	0.066	0.009	0.000	0.010	0.000	0.000	0.001
宁夏	0.044	0.009	0.000	0.249	0.011	0.048	0.000	0.090	0.029	0.039	0.475	0.015	0.382	0.024	0.118	0.212	0.109	0.061	0.008	0.001	0.009	0.003	0.003
新疆	0.224	0.009	0.239	0.105	0.161	0.200	0.225	0.008	0.145	0.465	0.395	0.122	0.458	0.103	0.304	0.174	0.088	0.338	0.020	0.001	0.015	0.021	0.011

第二节　创新生态系统生态位适宜度模型构建

一、生态因子权重确定

本书在综合考虑各类确权方法的优劣势后，决定以熵权法思想为核心进行指标权重的确定。熵权法是根据指标变异性的大小确定客观权重的一种成熟方法。其原理是以指标信息熵的相对变化程度来确定指标权重，方法设定上认为相对变化程度大的指标具有较大的权重。利用标准化处理后的判断矩阵可以计算各个生态因子的信息熵，即：

$$e_j = -\frac{1}{\ln m}\sum_{i=1}^{m} k_{ij}\ln k_{ij} \tag{6-2}$$

其中，

$$k_{ij} = \frac{r'_{ij}}{\sum_{i=1}^{m} r'_{ij}}$$

$k_{ij} = \dfrac{r'_{ij}}{\sum_{i=1}^{m} r'_{ij}}$ 进而可得出第 j 个生态因子的权重：

$$\omega_j = \frac{1 - e_j}{n - \sum_{j=1}^{n} e_j} \tag{6-3}$$

二、生态位适宜度模型的确定

$$F_i = \sum_{j=1}^{n} \omega_j \frac{\delta_{\min} + a\delta_{\max}}{\delta_{ij} + a\delta_{\max}} = \sum_{j=1}^{n} \omega_j \frac{\min\{|x'_{ij} - x'_{aj}|\} + a\max\{|x'_{ij} - x'_{aj}|\}}{|x'_{ij} - x'_{aj}| + a\max\{|x'_{ij} - x'_{aj}|\}} \tag{6-4}$$

其中，F_i 表示生态位适宜度值，值越大表示此创新生态系统的创新活动活跃度越高；ω_j 代表生态因子权重，x'_{ij} 表示经过标准化处理的统计值；x'_{aj} 表示第 j 个生态因子的最佳值；$\delta_{ij} = |x'_{ij} - x'_{aj}|(i = 1, 2, \cdots, m; j = 1, 2, \cdots, n)$ 表示 x'_{ij} 和 x'_{aj} 之间的绝对差，其中 $a \in [0, 1]$ 表示模型参数，当 $F_i = 0.5$ 时计算得出，即：

$$\overline{\delta_{ij}} = \frac{\sum_{i=1}^{m}\sum_{i=1}^{n}\delta_{ij}}{mn}, \text{ 所以 } a = \frac{\overline{\delta_{ij}} - 2\delta_{min}}{max\delta}$$

进化动量主要测度生态位适宜度的进化空间，其公式为：

$$KM_i = \sqrt{\frac{\sum_{j=1}^{n}\delta_{ij}}{n}} \qquad (6-5)$$

根据生态位适宜度的定义和上文公式的推导可知标准化数值 r'_{ij} 和生态位适宜度 F_i 的取值范围均为 0~1，且越接近 1 意味着越接近最佳生态位适宜度。

本书的指标体系涉及 10 个一级指标，23 个二级指标，因此，从下往上由二级指标确立一级指标权重。由于二级指标是具体的观测指标，是对于现象级事物的直白描述，故由熵权法二级指标的权重，再由二级指标确定一级指标的总参量值进而以此为基础确定一级指标的权重。

第三节　创新生态系统生态位适宜度测度

本书选取了我国 30 个省份为研究对象，通过模型构建和数据分析的方法得出了适宜度和进化动量，进而得出了各省份在创新生态位、创新资源等方面的优劣情况。通过对比分析，找出了山西省的优势与不足，明确了山西省应该进一步改善的创新领域，为山西省创新政策的制定与完善提供了科学的理论依据。

一、计算信息熵及生态因子

利用式（6-2）得出 23 个生态因子的信息熵，计算结果如表 6-3 所示。

表 6-3　2011~2019 年生态因子信息熵均值

	X_1	X_2	X_3	X_4	X_5	X_6
信息熵	0.952	0.762	0.931	0.861	0.916	0.893

续表

	X₇	X₈	X₉	X₁₀	X₁₁	X₁₂
信息熵	0.934	0.884	0.939	0.920	0.965	0.909
	X₁₃	X₁₄	X₁₅	X₁₆	X₁₇	X₁₈
信息熵	0.932	0.898	0.915	0.907	0.883	0.915
	X₁₉	X₂₀	X₂₁	X₂₂	X₂₃	
信息熵	0.848	0.709	0.808	0.741	0.739	

通过式（6-3），进一步得出生态因子的权重，计算结果如表6-4所示。

表6-4 2011~2019年生态因子权重均值

	X₁	X₂	X₃	X₄	X₅	X₆
权重	0.017	0.084	0.024	0.049	0.030	0.038
	X₇	X₈	X₉	X₁₀	X₁₁	X₁₂
权重	0.023	0.041	0.021	0.028	0.012	0.032
	X₁₃	X₁₄	X₁₅	X₁₆	X₁₇	X₁₈
权重	0.024	0.036	0.030	0.033	0.041	0.030
	X₁₉	X₂₀	X₂₁	X₂₂	X₂₃	
权重	0.053	0.103	0.068	0.091	0.092	

从表6-4可知，各实测指标权重最大的是技术市场成交额，最小的是建成区绿化覆盖率。创新物种的权重是0.125，创新资源的权重是0.202，创新环境的权重是0.673，各生态要素按权重从大到小依次是创新环境、创新资源和创新物种，表明生态环境是最重要的生态要素。

二、计算创新生态系统生态位适宜度及进化动量

各省份创新生态系统适宜度的确定。利用表6-2的标准化数据和表6-4的生态因子权重数据，通过式（6-4）计算各省份的生态位适宜度，计算结果如表6-5所示。总体来看，山西省创新生态系统生态位适宜度偏低，排名较为靠后。

表6-5 2011~2019年各省份创新生态系统生态位适宜度均值

省份	生态位适宜度	省份	生态位适宜度	省份	生态位适宜度
广东	0.7151	福建	0.4874	山西	0.4578
江苏	0.6885	天津	0.4863	内蒙古	0.4562
北京	0.6364	安徽	0.4829	吉林	0.4521
上海	0.6281	湖南	0.4816	新疆	0.4510
浙江	0.5886	河北	0.4810	云南	0.4473
山东	0.5777	陕西	0.4755	海南	0.4461
湖北	0.5119	江西	0.4688	甘肃	0.4418
河南	0.4966	黑龙江	0.4624	贵州	0.4416
辽宁	0.4906	广西	0.4618	宁夏	0.4363
四川	0.4877	重庆	0.4586	青海	0.4323

利用相关数据和式（6-5），可得各省份进化运动量（表示区域创新生态系统的进化空间），计算结果如表6-6所示。生态位适宜度与进化动量变化情况基本相反，即创新生态系统生态位适宜度较高的省份，其进化动量较低；而创新生态系统生态位适宜度较低的省份，其进化动量较高。山西省进化动量值较高，为0.8959。

表6-6 2011~2019年各省份创新生态系统进化动量均值

省份	进化动量	省份	进化动量	省份	进化动量
青海	0.9702	广西	0.8959	四川	0.8373
宁夏	0.9569	山西	0.8959	辽宁	0.8370
甘肃	0.9426	黑龙江	0.8946	河南	0.8278
海南	0.9404	天津	0.8796	湖北	0.8135
贵州	0.9352	江西	0.8739	上海	0.7296
云南	0.9200	陕西	0.8656	浙江	0.7240
吉林	0.9189	安徽	0.8503	山东	0.7135
新疆	0.9138	河北	0.8502	北京	0.7049
内蒙古	0.9090	湖南	0.8498	江苏	0.6075
重庆	0.9044	福建	0.8425	广东	0.5850

第四节　创新生态系统生态位适宜度结果分析

一、创新生态系统生态位适宜度分析

基于能够整体把握并直观比较研究期内创新生态系统生态位适宜度的考虑，本书将主要从创新生态系统生态位适宜度的平均值、年平均增长率着手进行分析。

根据图 6-1 可知，2011 ~ 2019 年全国 30 个省份的创新生态系统生态位适宜度均值集中在 0.4 ~ 0.8，各省份创新生态系统生态位适宜度差异比较明显。其中，广东省创新生态系统生态位适宜度年均值最高，为 0.7151；青海省创新生态系统生态位适宜度年均值最低，为 0.4323；山西省创新生态系统生态位适宜度年均值为 0.4578。

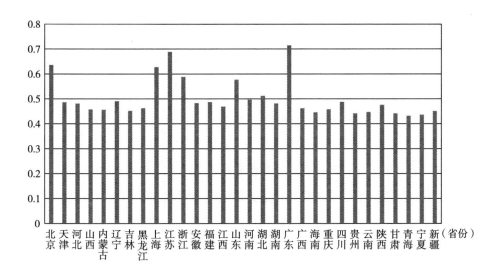

图 6-1　2011 ~ 2019 年创新生态系统生态位适宜度年均值

根据图 6-2，观察创新生态系统生态位适宜度年均增长率发现，2011～2019年河北、山西、内蒙古、上海、浙江、安徽、福建、江西、河南、湖南、广东、广西、海南、重庆、四川、贵州、云南、青海、宁夏、新疆的创新生态系统生态位适宜度呈现整体增强趋势，其中四川省以 0.64% 的年均增长率位列第一。河北省以 0.02% 的增长率表现出基本持平趋势；黑龙江省以较为明显的负增长率呈整体减弱趋势；山西省以 0.12% 的年均增长率呈增长趋势。此外，各省创新生态系统生态位适宜度年均值与年均增长率的强弱顺序发生了显著变化：2011～2019年，江苏、北京保持了较为领先的创新生态系统生态位适宜度水平，但却出现了明显的负增长趋势。

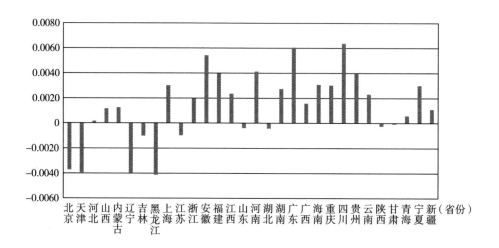

图 6-2 2011～2019 年创新生态系统生态位适宜度年均增长率

通过以上分析可知，2011～2019 年各省份创新生态系统生态位适宜度的差距较大。其中北京创新生态系统生态位适宜度水平相对较高，但增长乏力，表明北京创新资源较为丰富，但资源投入的重视程度尚有不足，创新资源的投入动力以及整合能力也与资源优势脱节，不足以支撑创新资源持续性地满足各种创新主体的活动需求；青海、宁夏和新疆这三个省份创新生态系统生态位适宜度整体水平不是很高，但其增长趋势明显，宁夏尤为突出，说明这些省份虽然创新资源较为贫乏，但其内部创新投入结构不断优化，资源整合效率较高，因此创新资源对创新活动需求的满足程度能够保持较为稳定的水平；山西省的创新生态系统生态位适宜度水平不高，但呈增长趋势，说明山西省创新资源及创新环境对创新活动的支撑力度较弱，但这种削弱程度在逐年好转。

二、创新生态系统进化动量分析

进化动量衡量的是各省份在采取合理措施提高创新主体的创新能力、加大创新资源投入和改善现有创新环境后，其创新生态系统生态位适宜度的提升空间大小，即是对各省份创新生态系统未来发展潜力的度量，各省份创新生态系统进化动量的年均值如图 6-3 所示。结果显示，2011~2019 年各省份创新生态系统进化动量均值集中在 0.5~1.0，进化动量与创新生态系统生态位适宜度基本呈反向变动。青海省创新生态系统进化动量均值最高，为 0.9702；广东省创新生态系统进化动量均值最低，为 0.5850；山西省创新生态系统进化动量均值较高，为 0.8959，说明山西省创新生态系统生态位适宜度有较大提升空间。

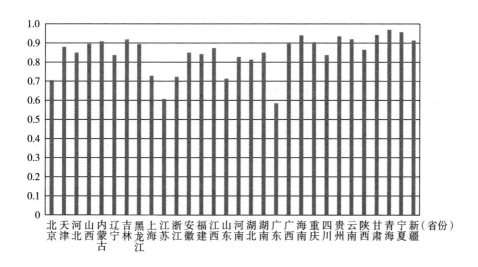

图 6-3　2011~2019 年创新生态系统进化动量年均值

三、创新生态系统创新要素生态位适宜度及进化动量结果分析

通过对创新生态系统生态位适宜度及进化动量的测算结果进行分析，可以发

现，2011～2019 年各省份创新生态系统生态位适宜度水平存在明显差异。基于对各省份创新生态系统生态位适宜度的宏观认识，进一步从微观的创新要素层面剖析各省份创新生态系统发展现状。本书通过构建创新生态系统适宜度指标体系，并将指标体系细分成创新物种、创新资源、创新环境三个方面。因此将从这三个方面入手，对创新生态系统各创新要素的生态位适宜度及进化动量进行分析，以期能够深入系统内部，探究影响各省份创新生态系统生态位适宜度水平的创新要素。

1. 创新要素生态位适宜度分析

2011～2019 年各省份创新物种生态位适宜度均值如表 6-8 所示。山西省创新物种生态位适宜度均值为 0.4571。通过与创新生态系统生态位适宜度均值的对比发现，各省份在创新主体方面的生态位适宜度均值发生了明显变化。

表 6-7　2011～2019 年各省份创新物种生态位适宜度均值

省份	生态位适宜度	省份	生态位适宜度
江苏	0.8972	陕西	0.4575
浙江	0.7290	黑龙江	0.4575
广东	0.6628	山西	0.4571
山东	0.5739	广西	0.4477
北京	0.5616	云南	0.4469
湖南	0.5060	天津	0.4453
河南	0.5003	吉林	0.4387
湖北	0.5000	重庆	0.4379
安徽	0.4995	贵州	0.4355
四川	0.4846	甘肃	0.4344
福建	0.4795	内蒙古	0.4337
辽宁	0.4786	新疆	0.4328
河北	0.4726	海南	0.4129
江西	0.4693	宁夏	0.4128
上海	0.4643	青海	0.4104

2011～2019 年各省份创新资源生态位适宜度均值如表 6-8 所示。广东、上海、江苏创新资源生态位适宜度较高，青海创新资源生态位适宜度水平较低。山

西省创新资源生态位适宜度均值为 0.4565。

表 6-8　2011~2019 年各省份创新资源生态位适宜度均值

省份	生态适位宜度	省份	生态位适宜度
广东	0.6905	天津	0.4808
上海	0.6674	江西	0.4671
江苏	0.6380	重庆	0.4648
北京	0.6261	黑龙江	0.4613
山东	0.6078	吉林	0.4604
湖北	0.6027	广西	0.4597
浙江	0.5752	云南	0.4587
河南	0.5419	内蒙古	0.4578
四川	0.5284	山西	0.4565
辽宁	0.5085	新疆	0.4513
福建	0.5068	甘肃	0.4500
河北	0.5055	贵州	0.4474
安徽	0.4948	宁夏	0.4420
湖南	0.4883	海南	0.4366
陕西	0.4857	青海	0.4298

2011~2019 年各省份创新环境生态位适宜度均值如表 6-9 所示。广东、江苏、北京创新环境生态位适宜度较高，青海创新环境生态位适宜度水平较低。山西省创新环境生态位适宜度均值为 0.4583。

表 6-9　2011~2019 年各省份创新环境生态位适宜度均值

省份	生态适宜度	省份	生态适宜度
广东	0.7328	河北	0.4753
江苏	0.6657	江西	0.4699
北京	0.6512	广西	0.4661
上海	0.6443	黑龙江	0.4640
山东	0.5696	重庆	0.4616

续表

省份	生态适宜度	省份	生态适宜度
浙江	0.5670	内蒙古	0.4596
天津	0.4936	山西	0.4583
辽宁	0.4877	新疆	0.4570
湖北	0.4875	海南	0.4560
河南	0.4834	吉林	0.4523
福建	0.4831	云南	0.4456
四川	0.4777	甘肃	0.4427
陕西	0.4774	贵州	0.4425
安徽	0.4768	宁夏	0.4408
湖南	0.4759	青海	0.4389

2. 创新要素进化动量分析

2011~2019 年各省份创新物种进化动量均值如表 6-10 所示。青海、宁夏、甘肃创新物种进化动量均值较高，山西省创新物种进化动量均值为 0.8959。

表 6-10　2011~2019 年各省份创新物种进化动量均值

省份	进化动量	省份	进化动量	省份	进化动量
青海	0.9702	广西	0.8959	四川	0.8373
宁夏	0.9569	山西	0.8959	辽宁	0.8370
甘肃	0.9426	黑龙江	0.8946	河南	0.8278
海南	0.9404	天津	0.8796	湖北	0.8135
贵州	0.9352	江西	0.8739	上海	0.7296
云南	0.9200	陕西	0.8656	浙江	0.7240
吉林	0.9189	安徽	0.8503	山东	0.7135
新疆	0.9138	河北	0.8502	北京	0.7049
内蒙古	0.9090	湖南	0.8498	江苏	0.6075
重庆	0.9044	福建	0.8425	广东	0.5850

2011~2019 年各省份创新环境进化动量均值如表 6-11 所示。青海、甘肃、宁夏创新环境进化动量均值较高，山西省创新环境进化动量均值为 0.9003。

表 6-11 2011~2019 年各省份创新环境进化动量均值

省份	进化动量	省份	进化动量	省份	进化动量
青海	0.9559	黑龙江	0.9014	河南	0.8593
甘肃	0.9497	山西	0.9003	辽宁	0.8518
宁夏	0.9433	广西	0.8947	湖北	0.8503
贵州	0.9402	江西	0.8748	福建	0.8501
云南	0.9317	陕西	0.8698	山东	0.7423
吉林	0.9277	天津	0.8697	浙江	0.7389
海南	0.9169	河北	0.8673	上海	0.7139
内蒙古	0.9059	安徽	0.8667	北京	0.7088
新疆	0.9019	四川	0.8659	江苏	0.6199
重庆	0.9016	湖南	0.8650	广东	0.5852

2011~2019 年各省份创新资源进化动量均值如表 6-12 所示。青海、海南、宁夏创新资源进化动量均值较高,山西省创新资源进化动量均值为 0.9109。

表 6-12 2011~2019 年各省份创新资源进化动量均值

省份	进化动量	省份	进化动量	省份	进化动量
青海	0.9815	广西	0.9040	辽宁	0.8203
海南	0.9650	黑龙江	0.9025	四川	0.7851
宁夏	0.9637	重庆	0.8980	河南	0.7742
甘肃	0.9299	天津	0.8950	湖北	0.7404
贵州	0.9283	江西	0.8891	浙江	0.7215
新疆	0.9270	陕西	0.8573	北京	0.7184
内蒙古	0.9149	湖南	0.8486	上海	0.7044
山西	0.9109	安徽	0.8392	山东	0.6737
吉林	0.9086	福建	0.8298	江苏	0.6419
云南	0.9047	河北	0.8225	广东	0.5792

第五节 山西省创新生态系统生态位适宜度结果分析

2014 年以来，山西省委、省政府陆续出台了一系列关于创新驱动的重要文件，构成了"131"创新驱动战略体系，在全国最先完成并实施了省域创新驱动行动顶层设计，为全省创新驱动转型发展提供了保障。当前，山西省创新生态系统建设正处于初级阶段，需要借鉴国内外的先进经验，突出山西特色，以创新的思维和超前的理念，调动各方面的积极因素，整合科技、金融、产业、管理等方面的创新要素，加快构建综合创新生态系统。因此，本书对山西省创新生态系统生态适宜度进行评测，以找出问题与不足，取长补短，提升自身创新发展水平，为促进山西省经济高质量发展和产业结构转型提供有益参考和借鉴。

一、山西省创新生态系统生态位适宜度分析

根据表 6-13 可知，2011~2019 年，山西省创新生态系统生态位适宜度由 0.4555 变为 0.4597，略有上升，呈现出向好的发展态势，未来有进一步发展的空间和可能。九年间，山西省创新生态系统生态位适宜度在 2013 年表现最佳。

从具体创新要素来看，2011~2019 年山西省创新物种生态位适宜度由 0.4587 变为 0.4548，略有下降。山西省创新环境生态位适宜度呈波动上升趋势，但在全国排名较为靠后。山西省创新资源生态位适宜度呈波动下降趋势，创新资源排名大部分都低于创新生态系统排名。说明山西省创新生态系统的发展主要受创新环境与创新资源的制约。

表 6-13 山西省创新生态系统及创新要素生态位适宜度

年份	总体	创新物种	创新环境	创新资源
2011	0.4555	0.4587	0.4523	0.4625
2012	0.4563	0.4560	0.4546	0.4612
2013	0.4606	0.4572	0.4578	0.4702

续表

年份	总体	创新物种	创新环境	创新资源
2014	0.4592	0.4582	0.4602	0.4581
2015	0.4571	0.4583	0.4584	0.4553
2016	0.4594	0.4581	0.4626	0.4520
2017	0.4545	0.4556	0.4530	0.4491
2018	0.4580	0.4574	0.4620	0.4487
2019	0.4597	0.4548	0.4641	0.4516

二、山西省创新生态系统进化动量分析

根据表6-14可知，2011~2019年，山西省创新生态系统进化动量由0.8918变为0.9129，略有上升，说明山西省创新生态系统生态位适宜度有向好趋势，但仍然有很大进步空间。

从具体创新要素来看，2011~2019年山西省创新物种进化动量由0.8331变为0.8543。山西省创新环境进化动量数值变大，说明山西省创新环境有待改善。山西省创新资源进化动量由0.9097变为0.9186，表明山西省创新资源总量不足、配置不合理。

表6-14 山西省创新生态系统及创新要素进化动量

年份	总体	创新物种	创新环境	创新资源
2011	0.8918	0.8331	0.8962	0.9097
2012	0.8928	0.8382	0.8954	0.9128
2013	0.8880	0.8384	0.8945	0.8969
2014	0.8937	0.8451	0.8982	0.9064
2015	0.8967	0.8453	0.9042	0.9041
2016	0.8897	0.8484	0.8883	0.9129
2017	0.9013	0.8480	0.9080	0.9144
2018	0.8960	0.8441	0.8954	0.9221
2019	0.9129	0.8543	0.9225	0.9186

横向来看，山西省创新生态系统生态位适宜度水平较低，有较大提升空间，各创新要素在全国表现不佳。纵向来看，山西省创新生态系统生态位适宜度略有上升，呈现出向好的发展态势，各要素中，创新物种生态位适宜度表现优于创新环境和创新资源。因此，山西省应继续扩大创新物种规模，合理配置创新资源，优化创新环境。

第七章 山西省创新生态系统的效率评价

第一节 创新生态系统效率评价指标体系构建

一、指标体系构建原则

本书在构建评价指标体系时，遵循以下原则：

1. 规范性与公开性原则

规范性是统计调查应当使用国家统计标准，统计口径和计算方法符合统计规范。公开性是指选取指标的基础数据均来源于政府统计公开出版物，以便于核实和索引。

2. 科学性与可操作性相结合原则

科学性是指评价指标要尽量反映区域创新生态系统的实际情况，指标的选定要经过反复筛选和修改，指标的概念必须明确、独立，避免重复。可操作性包括指标数量适量、指标易量化、指标数据能获取以及各评价指标的含义、统计口径一致，以保持指标的可比性。

3. 系统整体性与开放性原则

系统整体性是指评价指标应有层次性，且各指标之间应具备一定的有序联系，进而能够实现对系统的多层次、多角度分析，并且可以完整全面地反映评价目标。开放性要求指标具有前瞻性与伸缩性，既要反映当前的发展情况，又要兼顾未来的发展要求。

二、创新生态系统指标体系构建

在构建创新生态系统指标体系的过程中，考虑到科技创新和生态环境建设是区域发展不可或缺的两个重要方面，并且两者之间相互关联、相互影响，所以在投入指标和产出指标的构建中既有体现科技创新指标也有生态环境指标。科技创新能够推动经济社会的绿色可持续发展，使得生态环境建设能够提供更多的人力、财力、物力等支持，基于此才能进一步推动经济社会发展，同时生态环境建设又可以为科技创新提供更加优质充足的环境、资源、能源等。

虽然科技创新与生态环境建设之间具有相辅相成、相互促进的作用，但不同区域的科技、生态之间却呈现出良性循环或者恶性循环的不同状态：①当区域经济社会增长所带来的资本增长对科技创新进行持续均衡且结构合理的投入时，科技创新成果便会在各领域实现突破和持续增长，从而推动经济绿色可持续增长、生态环境不断改善、社会发展不断加快。而生态环境的不断改善又会给科技创新带来利好的环境和丰富的资源，科技创新和生态环境建设便形成了良性循环。②当科技、生态发展不协调，如科技创新的投入结构不合理时，会导致科技创新停滞或是科技创新方向过于局限，从而致使经济社会发展停滞或粗放增长，继而带来资源过度消耗和生态环境破坏，如此便会逐渐形成科技创新水平低、生态环境破坏的恶性循环，进而导致经济社会发展滞后，这种恶性循环在主要依靠自然资源维系发展的地区体现得最为明显，这些地区由于经济发展水平低、教育资源匮乏、人口素质较低、思想较为落后，无引进先进技术的意识和进行自主创新的能力，导致区域发展始终停留在依靠自然资源的粗放式发展阶段，生态环境不断遭到破坏，科技创新持续受阻。

综上可知，科技创新与生态环境对于区域创新生态系统可持续发展起着至关重要的作用。因此，本书将创新生态系统分为技术创新子系统和生态环境子系统两个子系统来进行环境测评。在指标选取上，本书基于前人对科技创新和技术创新进行评价时所选用的指标，在第六章指标体系中所选取的23个指标中进行筛选，并对其进行剔除或者替换，以构成最佳的测算指标体系，得到相对客观的测算结果。

在创新生态系统指标体系中，构建"创新投入""创新产出"2 个一级指标，23 个二级指标。

投入主要分为科技人力投入、科技财力投入和科技物力投入，一般用 R&D 人员、R&D 经费、高技术产业投入等指标表示。在物力方面，由于科技创新的主要物力资源是固定设备等，包含高校、科研机构、企业和工业中的各种设备，在此进行统计，获得数据存在一定的困难性，所以暂不考虑科技投入中的物力投入。再有，在投入指标中考虑到了"创新物种"这一要素，因此在指标选取上包含了高校、企业和科研机构。在经费投入方面，考虑到高质量人才是创新的主要推动力，且培养高质量人才需要在教育方面加大投入力度，财政性教育经费可以较直观地衡量出一个地区对于教育的重视程度，所以在财力投入方面选取了"财政性教育经费"这一指标。在科技创新的过程中，不可避免地会出现一些污染，所以在指标选取上将污染的处理作为创新投入的一部分。综合先前学者的研究及本书研究的考量，在创新投入方面，选择"规模以上工业企业 R&D 人员全时当量（人/年）""R&D 经费支出（万元）""财政性教育经费（万元）""高等院校数（所）""R&D 机构数（个）""有 R&D 企业数（个）""环境污染治理投资总额（万元）""造林面积（千公顷）""无害化处理厂数（座）""市容环卫专用车辆设备（台）"10 个指标。

科技产出主要分为科技直接产出和科技间接产出，一般用论文、专利、技术市场情况，高技术产业情况，新产品情况等指标表示。结合创新投入指标体系，产出指标还应包括污染处理产出，用废水废物处理、建成绿化面积等指标表示。结合指标的重要性及数据的可获取性，选定"技术市场成交额（万元）""高技术产业新产品销售额（万元）""进出口总额（万元）""专利授权数（项）""城市污水处理厂集中处理率（%）""生活垃圾清运量（万吨）""建成区绿化覆盖率（%）""工业固体废物处置率（%）"8 项产出指标。具体的指标体系如表 7-1 所示。

表 7-1　技术创新子系统指标体系

一级指标	二级指标
创新投入	规模以上工业企业 R&D 人员全时当量（人/年）
	高等院校数（所）
	R&D 机构数（个）
	有 R&D 企业数（个）
	R&D 经费支出（万元）
	财政性教育经费（万元）
	环境污染治理投资总额（万元）
	造林面积（千公顷）
	无害化处理厂数（座）
	市容环卫专用车辆设备（台）
创新产出	城市污水处理厂集中处理率（%）
	生活垃圾清运量（万吨）
	建成区绿化覆盖率（%）
	工业固体废物处置率（%）
	技术市场成交额（万元）
	高技术产业新产品销售额（万元）
	进出口总额（万元）
	专利授权数（项）

本书在横向对比评价 2011~2019 年我国 30 个省份（除港澳台地区外；由于西藏数据缺失较多，并且对于分析山西省的创新生态效率影响不大，故舍去）的创新效率时，不同指标的数据来源如表 7-2 所示。

表 7-2　指标数据来源

指标名称	数据来源
规模以上工业企业 R&D 人员全时当量	2012~2020 年各省统计年鉴
高等院校数	2012~2020 年《高等学校科技统计资料汇编》
R&D 机构数	2012~2020 年《中国统计年鉴》
有 R&D 企业数	2012~2020 年《中国科技统计年鉴》
R&D 经费支出	2012~2020 年《中国科技统计年鉴》

续表

指标名称	数据来源
财政性教育经费	2012~2020 年《中国统计年鉴》
技术市场成交额	2012~2020 年《中国技术市场报告》
高技术产业新产品销售额	2012~2020 年《中国科技统计年鉴》
进出口总额	2012~2020 年《中国统计年鉴》
专利授权数	2012~2020 年《中国科技统计年鉴》
环境污染治理投资总额	2012~2020 年《中国统计年鉴》
造林面积	2012~2020 年《中国统计年鉴》
无害化处理厂数	2012~2020 年《中国环境统计年鉴》
市容环卫专用车辆设备	2012~2020 年《中国环境统计年鉴》
城市污水处理厂集中处理率	2012~2020 年《中国环境统计年鉴》
生活垃圾清运量	2012~2020 年《中国统计年鉴》
建成区绿化覆盖率	2012~2020 年《中国统计年鉴》
工业固体废物处置率	2012~2020 年《中国环境统计年鉴》

第二节　创新生态系统效率评价模型选择

一、评价方法

1. 数据包络分析法

数据包络分析法（Data Envelopment Analysis，DEA）是运筹学、管理科学与数理经济学交叉研究的一个新领域。它是根据多项投入指标和多项产出指标，利用线性规划的方法，对具有可比性的同类型单位进行相对有效性评价的一种数量分析方法。具体来讲，DEA 是使用数学规划模型评价具有多个输入和多个输出的部门或单位间的相对有效性，这些部门和单位称为决策单元（Decision Marking Units，DMU）。根据对各 DMU 观察的数据判断 DMU 是否为 DEA 有效，本质上是判断 DMU 是否位于生产可能集的前沿面上。生产前沿面是经济学中生产函数向多产出情况的一种推广。使用 DEA 方法和模型可以确定生产前沿面的结构、特征和构造方法，因此又可将 DEA 方法看作一种非参数的统计估计方法。使用 DEA 对 DMU 进行效率评价时，可以得到很多管理信息，比如通过横向的比较，可以测算出决策单元的效率表现情况，找出决策单元无效或者低效的原因，同时将有效决策单元作为标杆，从而指导无效决策单元未来的发展方向；通过纵向研究可以得出生产力水平、技术进步等信息。

自 1978 年由美国著名运筹学家 A. Charnes 和 W. W. Cooper 提出以来，DEA 已广泛应用于不同行业及部门。DEA 方法具有如下特点：①DEA 输入、输出的权重变量，总是从最有利于决策单元的角度进行评价，从而避免了确定各指标权重的问题。②DEA 方法不必确定输入、输出之间关系的显示表达式。既不必像生产函数法那样先利用回归分析，确定一个生产函数表达式，然后再估计在一定输入的条件下，能达到多大的产出。由于这些特点，使得 DEA 方法在其出现后的较短时间内就得到了广泛的应用。

2. 全要素生产率指数

生产率是当代经济学中的一个重要概念，它所反映的是各种生产要素的有效利用程度。一般意义上的生产率是指要素资源（包括人力、物力、财力资源）的开发利用效率，即生产过程中投入要素转变为实际产出的效率。如果研究的是一个国家或地区的宏观经济，那么此时的生产率就等于某一时间段内，国民经济生产过程中投入的各种资源要素之和与国民经济的总产出的比值。生产率能够反映被考察时间内生产要素的配置状况、生产管理水平和劳动者对生产活动的积极性，反映经济制度与各种社会因素对生产活动的影响程度，是技术进步对经济发展作用的综合反映。按照测算方式的不同，生产率可分为部分要素生产率（Partial Factor Productivity，PFP）、全要素生产率（Total Factor Productivity，TFP）和总生产率（Total Productivity，TP）。这三类的区别在于他们所考虑的生产投入要素的范围、数量是不同的。部分要素生产率也可以叫作偏要素生产率，它反映的是产出量与单 生产要素之间的效率关系；全要素生产率则一般是指除掉劳动力和资本等要素之后，其他基本要素的生产率；而总生产率则是指所有生产要素的生产率，它是在一个更广的范围内考察生产率的情况。

全要素生产率，有时候又被翻译为"总要素生产率"或"总和要素生产率"。一般来说，它是指除了劳动力和资本这两大物质要素之外，其他所有生产要素所带来的产出增长率。全要素生产率抛弃了生产率分析中的劳动力和资金两大要素。萨缪尔森、诺德豪斯等认为全要素生产率考虑的要素资源包括教育、创新、规模效益、科学进步等。

全要素生产率的测算，从其产生到发展主要经历了余值法、随机前沿生产面生产函数法、非参数方法等几个阶段。目前，研究不同时期决策单元的全要素生产率的变化一般采用生产率指数理论与方法，生产率指数有多种形式，其中目前被广泛使用的典型的生产率指数是曼奎斯特指数（Malmquist Index）。

二、评价工具

目前，可以做 DEA 效率评价的软件有很多，比如 LINGO、Deap2.1、Stata 以及 MaxDEA，其中运用最多、包含模型较多且针对 DEA 专业化程度较高的是 MaxDEA。MaxDEA 是功能强大，并且简单易用的数据包络分析软件。MaxDEA 基于 Access VBA 开发，程序文件是 Access 数据库文件，扩展名是 .mdb，Max-DEA 软件的运行需要安装 Microsoft Access。其主要特点如下：

（1）包含的模型数量多，并且还在不断增加；使用时没有决策单元数量的限制。

（2）数据格式为标准数据格式，不需要在字段名称中标明数据性质。

（3）所有与 DEA 模型有关的数据及其设置均储存在单一的程序文件内；数据导入只需一次，导入后即永久保存；数据定义和模型选择不需要每次打开软件后重复设置。以上特点使得数据与模型备份非常方便，仅需备份一个文件即可。

（4）可以同时建立并运行多个模型。该软件运行仅需两个文件，分别是 MAXDEA.mdb 和 lps.dll。因此，只需将上述文件进行复制，然后重新命名，就可以建立新的 DEA 模型了，并且可以同时运行多个 mdb 文件。

本书主要采用 MaxDEA 软件进行 DEA 分析。

三、模型建立

1. CCR 和 BCC 模型

数据包络分析法是从线性规划方法衍生出来的，所得到的生产可能性边界是多个线性边界的包络。最常用的两个模型分别是 CCR 模型和 BCC 模型。CCR 模型构建如下：

在进行创新生态效率分析时，假设有 N 个区域（决策单元 DMU），通过 K 种投入，获取 M 种产品，第 j 区域的投入和产出向量分别为：

投入向量 $X_j = (X_{1j}, X_{2j}, \cdots, X_{kj})^T > 0$　　$(j = 1, \cdots, N)$

产出变量 $Y_j = (Y_{1j}, Y_{2j}, \cdots, Y_{kj})^T > 0$　　$(j = 1, \cdots, N)$

由于各种投入和产出的作用不同，在对不同区域进行评价时，应对它的投入和产出进行标准化综合处理，即把它们看作只有一个总体输入和一个总体输出的生产过程，这就需要赋予每个输入、输出一定的权重。设投入和产出的权向量分别为：

$$V = (v_1, v_2, \cdots, v_k)^T$$

$$U = (u_1, u_2, \cdots, u_m)^T$$

最佳的权重可以通过数学规划得到，即：

$$\mathrm{MAX} \ \frac{\sum_m^M u_m Y_{mj}}{\sum_i^K v_i X_{ij}}$$

（适当选取 u 和 v，使该比值 ≤ 1）

$$\begin{cases} \dfrac{\sum_m^M u_m Y_{mj}}{\sum_i^K v_i X_{ij}} \geq 1 \\ u_m \geq 0 \\ v_i \geq 0 \end{cases}$$

这是一个分式规划问题，令：

$$\begin{cases} t = \dfrac{1}{V^T X} \\ \omega = tV \\ \mu = tU \end{cases}$$

则有：

$$\mu^T y_0 = \frac{u^T y_0}{v x_0^T}$$

$$\frac{\mu^T y_i}{\omega^T x_j} = \frac{u^T y_i}{v^T x_j} \leqslant 1$$

$$\omega^T x_0 = 1$$

$$\omega \geqslant 0$$

$$\mu \geqslant 0$$

于是可以得出线性规划模型：

$$\max \mu^T y_0$$

$$\begin{cases} \omega^T x_j - \mu^T y_j \geqslant 0 \\ \omega^T x_0 = 1 \end{cases}$$

上式的对偶规划为：

$$\min \theta$$

$$\begin{cases} \theta x_0 - \sum_{j=1}^{N} \lambda_j x_j \geqslant 0 \\ -y_0 + \sum_{j=1}^{N} \lambda_j y_j \geqslant 0 \\ \lambda \geqslant 0 \end{cases}$$

因而，带有非阿基米德无穷小量以及松弛变量的线性规划模型为：

$$\begin{cases} \min \left[\theta - \varepsilon (e_m^T s^- + e_s^T s^+) = V_D \right] \\ \sum_j^n x_j \lambda_j + s^- = \theta x_0 \\ \sum_j^n y_j \lambda_j - s^+ = y_0 \\ \lambda_j \geqslant 0, \ (1 \leqslant j \leqslant n) \\ s^- \geqslant 0; \ s^+ \geqslant 0 \end{cases}$$

其中，ε 为非阿基米德无穷小量，$e_m^T = (1, 11 \cdots 11)^T \in R^m$，$e_s^T = (1, 11 \cdots 11)^T \in R^s$；$s^-$，$s^+$ 分别为输入输出松弛变量；θ 是一个标量，若 $\theta = 1$ 则说明该区域创新生态效率在前沿面上，经过 N 次线性规划求解便可得到每一个区域的 θ 值。

若是在 CCR 模型的基础上加一个约束条件 $\sum_j^n \lambda_j = 1$ 就得到了 BCC 模型。表达式如下：

$$\begin{cases} \min[\theta - \varepsilon(e_m^T s^- + e_s^T s^+) = V_D] \\[2mm] \sum_j^n x_j \lambda_j + s^- = \theta x_0 \\[2mm] \sum_j^n y_j \lambda_j - s^+ = y_0 \\[2mm] \sum_j^n \lambda_j = 1 \\[2mm] \lambda_j \geq 0, \ (1 \leq j \leq n) \\[2mm] s^- \geq 0; \ s^+ \geq 0 \end{cases}$$

BCC 模型把以上 CCR 模型得出的 DMU 总体效率最优值分解成了纯技术效率和规模效率的乘积。

本书在计算创新生态效率时，主要运用了以上两个模型。其中，CCR 模型是固定规模效益（CRS）模式设想下的 DEA 分析。但是固定规模效益属于理想状态，现实中存在的不公平竞争、管理约束等原因也会导致决策单元不能以最佳规模运行。BCC 模型就是据此进行的 DEA 模型扩展。BCC 模型考虑到了可变规模收益（VRS）情况，即当有的决策单元不是以最佳规模运行时，规模效率（Scale Efficiency，SE）将影响技术效率（TE）的测度。

从上面两个具体模型可以看出，BCC 模型是在 CCR 模型的基础上加了一个约束条件。通过对同样一组数据进行 CCR 模型和 BCC 模型的 DEA 分析可以最终得到规模效率（SE）。当某个决策单元用 CCR 模型和 BCC 模型算出的技术效率不同时，那么这个 DMU 的规模是无效的，否则是有效的。规模无效的决策单元的具体规模效率也可以根据 BCC 模型的技术效率和 CCR 模型的技术效率之间的差异计算出来。具体关系如下：

$TE_{CRS} = TE_{VRS} \times SE$

其中，TE_{VRS} 就是纯技术效率，SE 是规模效率。

DEA 模型还有如下性质：

（1）至少存在一个决策单元，它是 DEA 有效的。

（2）决策单元的弱 DEA 有效性和 DEA 有效性与输入和输出的量纲的选取无关。

（3）单元的弱 DEA 有效性和 DEA 有效性与决策单元对应的输入和输出的同倍增长无关。

2. Malmquist 指数

Malmquist 指数是由 Caves、Christeren 和 Diewert 在 Malmquist 数量指数与距离函数概念的基础上建立起来的用于测量总要素生产率 TFP 变化的专门指数。其测量方法主要有两种：一种为非参数方法 DEA（Data Envelopment Analysis）；另一种为计量经济学的参数方法，即随机边界分析 SFA（Stochastic Frontier Analysis）方法。本书应用第一种方法。假设 $M_0\left(x^{t+1},\ y^{t+1},\ x^t,\ y^t\right)$ 是从基期 t 到 $t+1$ 时期 TFP 变化的 Malmquist 生产率指数，则：

$$M_0\left(x^{t+1},\ y^{t+1},\ x^t,\ y^t\right)\left|\frac{U_0^t\left(x^{t+1},\ y^{t+1}\right)}{U_0^t\left(x^t,\ y^t\right)}\times\frac{U_0^t\left(x^{t+1},\ y^{t+1}\right)}{U_0^{t+1}\left(x^t,\ y^t\right)}\right|^{\frac{1}{2}}$$

其中，$U_0^t\left(x^t,\ y^t\right)$ 和 $U_0^t\left(x^{t+1},\ y^{t+1}\right)$ 分别代表两个时期的技术效率值；$U_0^t\left(x^{t+1},\ y^{t+1}\right)$ 和 $U_0^{t+1}\left(x^t,\ y^t\right)$ 是在两个时期的混合期间的技术效率值。若 $M_0>1$，则表示从 t 时期到 $t+1$ 时期 TFP 为正增长；若 $M_0<1$，则为负增长；若 $M_0=1$，则表示 TFP 无变化。

Malmquist 生产率指数可进一步加以分解，即：

$$M_0\left(x^{t+1},\ y^{t+1},\ x^t,\ y^t\right)=\left|\frac{U_0^t\left(x^{t+1},\ y^{t+1}\right)}{U_0^t\left(x^t,\ y^t\right)}\times\frac{U_0^t\left(x^{t+1},\ y^{t+1}\right)}{U_0^{t+1}\left(x^t,\ y^t\right)}\right|^{\frac{1}{2}}$$

$$=\frac{U_c^{t+1}\left(x^{t+1},\ y^{t+1}\right)}{U_c^t\left(x^t,\ y^t\right)}\left|\frac{U_c^t\left(x^{t+1},\ y^{t+1}\right)}{U_c^{t+1}\left(x^{t+1},\ y^{t+1}\right)}\times\frac{U_c^t\left(x^t,\ y^t\right)}{U_c^{t+1}\left(x^t,\ y^t\right)}\right|^{\frac{1}{2}}$$

$$=\frac{U_v^{t+1}\left(x^{t+1},\ y^{t+1}\right)}{U_v^t\left(x^t,\ y^t\right)}\times\frac{\dfrac{U_c^{t+1}\left(x^{t+1},\ y^{t+1}\right)}{U_v^{t+1}\left(x^{t+1},\ y^{t+1}\right)}}{\dfrac{U_c^t\left(x^t,\ y^t\right)}{U_v^t\left(x^t,\ y^t\right)}}$$

$$\left|\frac{U_c^t\left(x^{t+1},\ y^{t+1}\right)}{U_c^{t+1}\left(x^{t+1},\ y^{t+1}\right)}\times\frac{U_c^t\left(x^t,\ y^t\right)}{U_c^{t+1}\left(x^t,\ y^t\right)}\right|^{\frac{1}{2}}$$

上式反映了从 t 到 $t+1$ 期决策单元制度保障和管理水平前沿面的移动——追赶效应。$\dfrac{U_c^{t+1}\left(x^{t+1},\ y^{t+1}\right)}{U_c^t\left(x^t,\ y^t\right)}\left|\dfrac{U_c^t\left(x^{t+1},\ y^{t+1}\right)}{U_c^{t+1}\left(x^{t+1},\ y^{t+1}\right)}\times\dfrac{U_c^t\left(x^t,\ y^t\right)}{U_c^{t+1}\left(x^t,\ y^t\right)}\right|^{\frac{1}{2}}$ 表示技术进步变化

（TC），其中，$\dfrac{U_v^{t+1}(x^{t+1},\ y^{t+1})}{U_v^{t}(x^{t},\ y^{t})}$ 表示纯技术效率变化（TP），$\dfrac{\dfrac{U_c^{t+1}(x^{t+1},\ y^{t+1})}{U_v^{t+1}(x^{t+1},\ y^{t+1},\ b^{t+1})}}{\dfrac{U_c^{t}(x^{t},\ y^{t},\ b^{t})}{U_v^{t}(x^{t},\ y^{t},\ b^{t})}}$

表示规模效率变化（EC），两者乘积为综合技术效率变化（SEC）。即 $EC=$（PEC）×（SEC），对于第 o 个样本单元，以上任意一指数值>1，表示其对 Tfp 的提高有积极作用；反之，则有消极影响。

第三节　效率评价实证分析

一、静态效率分析

运用一阶段传统 DEA-BCC 模型测算效率，对 2011~2019 年 30 个省份创新生态系统效率均值进行测算，在只考虑投入产出不考虑环境约束条件的情况下，运行 MaxDEA 软件，计算结果如表 7-3 所示。

表 7-3　2011~2019 年 30 个省份创新生态系统效率均值

序号	省份	综合效率值均值	纯技术效率值均值	规模效率值均值
1	北京	1.000	1.000	1.000
2	天津	1.000	1.000	1.000
3	河北	0.651	0.679	0.960
4	山西	0.648	0.704	0.917
5	内蒙古	0.476	0.576	0.817
6	辽宁	0.771	0.780	0.987
7	吉林	0.956	0.968	0.984
8	黑龙江	0.750	0.797	0.937
9	上海	1.000	1.000	1.000
10	江苏	1.000	1.000	1.000

续表

序号	省份	综合效率值均值	纯技术效率值均值	规模效率值均值
11	浙江	1.000	1.000	1.000
12	安徽	0.890	0.897	0.992
13	福建	0.752	0.776	0.968
14	江西	0.718	0.743	0.959
15	山东	0.869	0.945	0.921
16	河南	0.670	0.691	0.971
17	湖北	0.813	0.835	0.971
18	湖南	0.902	0.919	0.982
19	广东	1.000	1.000	1.000
20	广西	0.863	0.876	0.983
21	海南	0.927	1.000	0.927
22	重庆	0.993	1.000	0.993
23	四川	0.957	0.961	0.995
24	贵州	0.672	0.766	0.879
25	云南	0.527	0.588	0.898
26	陕西	0.792	0.849	0.931
27	甘肃	0.606	0.666	0.907
28	青海	0.497	0.568	0.875
29	宁夏	0.554	0.623	0.874
30	新疆	0.532	0.641	0.839

DEA-BCC 模型计算结果包括综合效率（Crste）、纯技术效率（Vrste）、规模效率（Scale）和规模收益四个方面，当 Crste=1 时，说明样本单元为 DEA 有效；当 Crste<1 时，则非 DEA 有效。由表 7-3 中的测算结果可以看出，达到 DEA 有效的省份有 6 个，分别是北京、天津、上海、江苏、浙江、广东。未达效率生产前沿面，但纯技术效率值为 1 的有海南和重庆 2 个省份。这 2 个省份的纯技术效率达到 1，说明在目前的技术水平上，其投入资源的使用是有效率的，但是其规模和投入产出并不匹配，需要增加或减少规模，因而这 2 个省份改革的重点应当放在发挥规模效益上。从整体来看纯技术效率和规模效率都处于最佳状态的地区均为东部地区，这些地区创新效率高且稳定性良好。主要是由于其不断优化产业

规模和推动高技术产值提升，拥有较多的百强企业，且百强榜排名靠前。其在技术、人才、资源方面投入也有较多的优势，更易获得高质量的产出。而像内蒙古、青海、宁夏、云南、贵州等中西部地区经济发展较为落后、技术创新水平不高，应将纯技术效率和规模效率的提升视为改进方向，积极吸取管理经验，优化资源配置。山西省创新生态系统综合效率值均值为 0.648，纯技术效率值均值为 0.704，规模效率值均值为 0.917，均在全国排名靠后。山西省在创新生态系统的发展上还有很大的改进空间。

综合效率不高，是纯技术效率值和规模效率值两者共同作用的结果。将 30 个省份在 2011~2019 年的 3 种效率均值进行比对，绘出如图 7-1 所示的折线图。由图可以看出，综合效率值变化幅度较大，纯技术效率值与综合效率折线变化趋势类似，几乎重合，而规模效率值变化幅度较小，由此可以推断，综合效率值较低的原因主要是受纯技术效率值的影响。

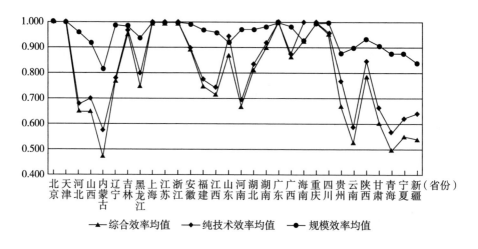

图 7-1　2011~2019 年 30 个省份创新生态系统效率值变化情况

如表 7-3 所示，30 个省份规模效率均值都大于 0.8，而纯技术效率均值在 0.8 以下的省份有 14 个，分别是河北、山西、内蒙古、辽宁、黑龙江、福建、江西、河南、贵州、云南、甘肃、青海、宁夏、新疆，约占 47%。这进一步说明综合效率主要是受纯技术效率的影响。

根据 30 个省份效率值均值在 9 年内的变化情况绘制折线图，其变化情况如图 7-2 所示。由图可以看出 3 个效率值都处于上升趋势，只在 2014 年和 2016 年出现了比较明显的波动，还可以看出综合效率值受纯技术效率的影响较为显著，因此我国科技创新改进的主要着力点应当放在技术创新上。

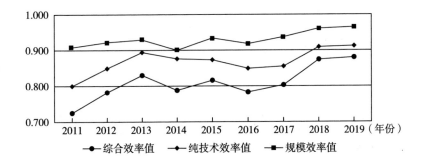

图 7-2　2011~2019 年 30 个省份创新生态系统效率均值变化

对山西省创新生态系统的效率进行测算，测算结果如表 7-4 和图 7-3 所示。从测算结果可以看出，2011~2019 年，山西省创新生态系统综合效率值呈增—减—增的趋势，其中，2018 年的增速最为迅猛，同比增长 81%。纯技术效率值的折线变化与综合效率值的折线变化趋势基本相同，可以推测出山西省创新生态系统综合效率主要受纯技术效率的影响。在 2018 年和 2019 年，纯技术效率值均达到 1，而规模效率值分别为 0.968 和 0.974，可以推断出，未来山西省在综合效率上将无限接近于 1，直至达到 1，但需要扩大技术创新规模，缩小实际规模与最优规模间的差距。从规模收益角度来看，山西省 2011~2019 年规模效益为 irs，即规模收益始终处于递增状态，规模收益递增表示产量增加的比率大于生产要素增加的比率，说明山西省应加大对创新生态系统主体的资金、技术或自然资源发展成本的投入，以达到山西省创新生态系统效率最优。

表 7-4　山西省创新生态系统效率值

年份	综合效率	纯技术效率	规模效率	规模收益
2011	0.528	0.585	0.903	irs
2012	0.697	0.741	0.941	irs

续表

年份	综合效率	纯技术效率	规模效率	规模收益
2013	0.721	0.790	0.913	irs
2014	0.602	0.672	0.895	irs
2015	0.584	0.632	0.924	irs
2016	0.547	0.626	0.875	irs
2017	0.534	0.584	0.914	irs
2018	0.968	1	0.968	irs
2019	0.974	1	0.974	irs

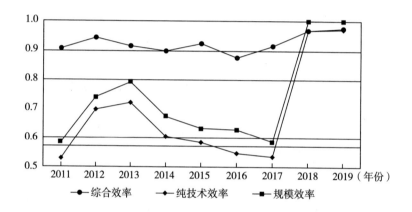

图 7-3　山西省创新生态系统效率值变化情况

二、动态效率分析

单从静态的角度分析山西省创新生态系统效率的变化情况，无法反映要素投入对效率的影响，动态分析能够进一步分析决策单元在不同时间段的效率变化，并通过指数分解探索效率差异的原因。因此，采用 Malmquist 指数对山西省创新生态系统的动态效率进行测算，考察其全要素生产率的变化情况，并将其与全国创新生态系统全要素生产率增长情况进行比较。测算结果如表 7-5 和表 7-6 所示。

整体来看，全国创新生态系统全要素生产率均值为 0.988，2013~2014 年、2015~2016 年、2016~2017 年和 2018~2019 年呈上升趋势，各阶段的平均增长率为 1.5%、2.5%、6.2% 和 1.4%。山西省创新生态系统全要素生产率均值低于全国平均水平，为 0.978。山西省仅在 2015~2016 年、2016~2017 年 2018~2019 年三个阶段呈现上升趋势，平均增长率分别为 9.6%、12.2% 和 6.4%。全国全要素生产率的增长主要受益于综合技术效率的增长，山西省全要素生产率增长幅度大于全国平均水平。整体而言，山西省创新生态系统发展趋势与全国基本保持一致。

表 7-5　2011~2019 年全国创新生态系统科研效率 Malmquist 指数均值及其分解

年份	Effch	Tech	Pech	Sech	TFP
2011~2012	1.053	0.890	1.044	1.009	0.937
2012~2013	1.098	0.897	1.092	1.006	0.984
2013~2014	0.990	1.025	0.991	0.999	1.015
2014~2015	0.965	0.941	0.966	0.999	0.909
2015~2016	0.970	1.057	0.969	1.001	1.025
2016~2017	1.003	1.058	1.005	0.998	1.062
2017~2018	1.062	0.900	1.060	1.002	0.956
2018~2019	1.015	1.000	1.011	1.004	1.014
均值	1.020	0.971	1.017	1.002	0.988

表 7-6　2011~2019 年山西省创新生态系统科研效率 Malmquist 指数均值及其分解

年份	Effch	Tech	Pech	Sech	TFP
2011~2012	1.097	0.864	1.097	1.000	0.948
2012~2013	1.471	0.533	1.471	1.000	0.784
2013~2014	0.724	1.317	0.724	1.000	0.953
2014~2015	0.930	0.951	0.930	1.000	0.884
2015~2016	1.044	1.050	1.044	1.000	1.096
2016~2017	1.159	0.968	1.159	1.000	1.122
2017~2018	1.587	0.613	1.587	1.000	0.973
2018~2019	1.263	0.842	0.842	1.000	1.064
均值	1.159	0.892	1.106	1.000	0.978

第八章　山西省创新生态系统存在的问题

第一节　经济发展相对落后，邻省合作有待加强

在经济发展方面，2011～2019 年山西省生态因子无量纲均值中人均 GDP（X_{16}）和居民可支配收入（X_{17}）这两个指标的得分分别为 0.136 和 0.117，与其他省份相比均处于较低水平，这表明山西省的经济发展相对落后。究其原因，可归纳为以下三点：一是山西省地理位置。山西东向有太行山阻隔，南向、西向有黄河阻隔，西向、北向有黄土高原阻隔，全省域除中间的汾河谷地和分散的几个小型盆地外，多数处于黄土高原和丘陵地带。在以经济发展为中心，以开放型、贸易型、互动型经济为特征的条件下，地形地貌的天然障碍无形地影响了山西与周边地区的经济联系，限制了山西的经济发展。二是山西省产业结构。山西省的经济发展过于依赖传统的重工业和煤炭产业，这使其经济结构相对单一，缺乏创新和多元化。随着环保、能源转型等问题的加剧，这些传统产业的增长空间变得越来越小，而新兴产业发展相对滞后，这也使山西的经济增长遇到了一定的瓶颈。三是山西省人才流失。由于经济发展滞后、产业结构单一等原因造成了山西省人才流失，山西省人才流失又进一步限制了山西省经济的发展。

结合山西省区位环境和国家战略，又可为山西省经济发展找到一定的契机。

从东、中、西部看，山西与河南、湖北、湖南、安徽、江西同处于中部；从所处区域看，山西处于华北平原西侧、与京津冀连接紧密，处于环渤海经济圈；从地形地貌看，山西处于黄河以东、黄土高原之上。也可以说山西处于"一带一路"、中部地区崛起、京津冀协同发展、黄河流域生态保护和高质量发展四大战略的交错重叠区域。因此，山西省应抓住机遇，加快建设现代化综合交通运输体系，加强与中部省份、沿黄省份及周边省份的合作关系，全方向、多角度地融入一系列国家战略，从而实现经济的蓬勃发展。

第二节　创新物种数量较少，地区分布有待均衡

在创新物种数量方面，2011～2019 年山西省生态因子无量纲均值中有 R&D 企业数（X_2）这一指标的得分为 0.019，同时高等院校数（X_1）这一指标的得分属居中水平，这表明山西省创新物种数量较少。

在地区分布方面，截至 2019 年山西省共有高等院校 82 所，其中分布于太原市的有 38 所，比例达到 46.34%，而晋中市仅有 9 所高等院校。截至 2018 年山西省自然科学类的科学研究与技术开发机构共有 121 家，其中分布于太原市的有 69 家，占比高达 56.2%，而忻州市仅有 8 家。截至 2019 年底，山西省累计认定的高新技术企业有 2494 家，其中分布于太原市的有 716 家，山西转型综改示范区有 896 家，太原市及山西转型综改示范区的高新技术企业数占山西省高新技术企业总数的 64.6%，而其余十个地市中分布数量最多的晋中市仅有 189 家。以上数据表明，山西省无论是高等院校还是科研机构以及企业的地区分布都极为不平衡，太原市创新物种数量分布与其他地市的创新物种数量分布呈断崖式下跌。究其原因，可概括为以下两点：第一，太原市作为山西省的省会，是山西省经济、政治、文化和交通中心，财政支持力度大且有着较为完备的基础设施、良好的营商环境和集中的教育资源，与之相对应的是较多的外来投资及优秀人才，对企业有着较强的吸引力。第二，山西省各区域发展方向略有差异。山西省地域大致可分为晋南、晋中和晋北三个地区，其中晋南地区农业较为发达，晋北地区的主要

资源是煤，而以太原为核心的晋中地区则聚集了全省大部分的企业集团及专业市场，发展较为均衡且领先。创新物种分布的长期不均衡不利于资源的有效利用，会造成政策断层、认知断层、贫富差距拉大等不良后果，从而阻碍山西省创新生态系统的健康发展。

第三节 自然环境资源匮乏，治理能力有待提高

在环境资源方面，2011~2019 年山西省水资源总量、地表资源量以及地下水资源量整体均呈下降趋势，其中水资源总量从 2011 年的 124.3 亿立方米下降到 2019 年的 97.3 亿立方米，说明山西省的水资源不仅匮乏且情况还在连年恶化。造成山西缺水的原因有以下两个：一方面是由于山西省所处的地理位置，导致山西降水量偏少，而且降水的年均分布并不均匀，空间分布也不均匀；另一方面是因为对地下水的过度开采，导致地下水位不断下降，有些地方还出现了地下水漏斗区。

2011~2019 年山西省生态因子无量纲均值中得分较低的有生活垃圾清运量（X_{12}）、人均日生活用水量（X_{13}）、城市污水日处理能力（X_{14}）这三项指标，得分分别为 0.155、0.105、0.098，说明山西省的环境污染治理能力还有待提高。

想要扭转山西省在环境资源方面的劣势，就需要牢记习近平总书记提出的"绿水青山就是金山银山"的理念，贯彻绿色发展理念，一方面减少对煤炭等传统能源的依赖，减少环境污染，加快传统工业转型升级步伐，实现传统工业向生态化、智能化、低碳化发展方向转变；另一方面需要加强在环境污染防治方面的投资力度，加快推进城镇环境基础设施建设，提高环境污染治理能力，打好污染防治攻坚战，改善生态环境质量，增进民生福祉。

第四节　创新投入力度不足，科技产出有待增加

在科技环境方面，山西省存在着较大的缺陷。科技创新投入的指标有科技馆数量（X_6）、R&D 投入强度（X_8）、R&D 人员折合全时当量（X_{19}）、国外技术引进合同数（X_{23}）等，这四项指标的无量纲均值分别为 0.05、0.109、0.077、0.007；表示科技产出的指标有技术市场成交额（X_{20}）、高新技术产业新产品销售收入（X_{21}）两项，其无量纲均值分别为 0.016、0.045。上述六项关于科技创新的指标无量纲均值得分均小于 0.15，这充分说明了山西省的科技创新环境无论是在投入还是产出方面都存在着严重的不足。

专利作为技术创新最直接、最主要的产出成果，虽然在 2011～2019 年山西省的专利数量得到了显著的提升，但是还应当清醒地认识到山西的科学技术综合实力仍处于全国中下游水平，无论是与沿海地区相比，还是与周边省份相比都存在着一定的差距。科技投入资金不到位，技术创新滞后，科技向现实生产力转化的能力低等问题仍然制约着山西省经济的快速发展。

第九章 打造山西一流
创新生态系统

　　基于创新生态系统理论、协同理论、产学研协同创新模式以及山西目前发展现状及未来发展规划，本书构建了山西省创新生态系统，如图9-1所示。此生态系统涵盖三个层面：一是核心层，即由企业组成的技术创新种群。企业作为技术创新的主体，扮演着技术创新生产者、知识创新消费者和创新产业链分解者的角色，而创新产出应通过企业来实现。二是辅助层，即由高等院校、科研机构、政府、金融机构和中介机构等组成的内部创新生态环境。高等院校和科研机构是知识创新的主要生产者，在创造创新知识和培养创新人才等方面起主导作用。政府、金融机构和中介机构在系统中发挥着支持作用和促进作用，既是制度创新和服务创新的关键角色，也是创新生态系统的重要生物因子。三是环境层，即由各种外部资源构成的外部生态环境，主要涉及制度体系、文化环境、市场状况以及基础设施等，这些因素对山西创新生态系统的建设以及后续发展具有重要影响。

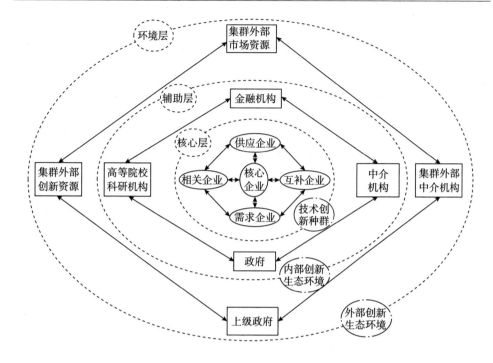

图 9-1 山西省创新生态系统钻石模型

第一节 协调融合多元创新主体

一、强化企业的创新主体地位

纵观山西的经济发展，"一煤独大"的结构性矛盾、"一股独大"的体制性弊端和创新不足的素质性障碍导致了山西省对煤炭产业的过度依赖，阻碍了山西省的可持续发展。得益于党中央提供的重大政策机遇，山西打出转型综改"组合拳"，并且积极推动企业技术创新平台建设，带动更多规模以上工业企业建设企业技术中心。要走转型发展的新路，构建山西的创新生态系统，就要强化企业作为创新主体的地位。

加快发展以企业为核心的技术创新体系。通过实施创新发展规划、税收、财政、政府采购和其他政策措施，推动企业成为研发投资、技术创新和成果应用真正的关键参与者。鼓励企业自建机构或与高等院校、科研机构共同设立技术研发机构，完善技术创新运行模式，在重点领域形成一批以企业为主体、高等院校和科研机构广泛参与、利益共享和风险共担的产学研用战略联盟。充分发挥各类所有制企业在创新中的关键作用，深化地方企业与中央企业的战略合作，积极参与国家重大技术创新项目和战略性新兴产业发展任务。支持山西省国有企业提高创新能力，出台并落实国有企业考核办法。鼓励和支持民营企业加快提高技术创新能力，支持"专精特新"型中小企业发展。

促进和支持企业创建研发平台，促进工业技术的创新和合作。重点扶持山西特色产业和14大战略性新兴产业的代表性企业，打造顶尖的企业技术创新和产业化平台。加快建立省级技术研究院、商务技术中心、技术研发中心、科技示范企业和创新型企业。根据装备、电子信息、新能源、化工、材料、生物医药、节能环保、焦化、工业机器人制造及控制技术、新型半导体材料砷化镓晶体及晶圆生产加工、充电继电器的智能化和自动化开发、装配式建筑技术、环保型亚麻籽深加工等重点行业和技术领域的特点和需求，以行业领军企业为依托，加强与高校及科研机构的合作，推进各类产业化院所和研发中心建设，加强联合技术研发，实现创新成果产业化。

支持创建以企业为主导，产学研用合作的产业技术创新战略联盟。重点发展主导产业，培育战略性新兴产业，依托龙头企业，联合高等院校及科研机构，建立成果和资源共享、风险共担的产业技术创新战略联盟。鼓励和支持联盟在协作方式、组织架构、运行体系、内部机制等方面先试先行。全面建立以政府为导向、以企业为主导、以用户为中心、高等院校和科研机构共同参与的政产学研用全面合作机制。引导和鼓励企业与高等院校、科研机构合作建立研发机构、技术中心、博士后科研工作站等创新平台。鼓励技术发明者或设备持有者以技术、设备等形式入股，与投资者建立利益共享、责任共担的相互促进关系，实现产业发展与科技研发的良性互动与多元共生。

大力培育创新型中小企业。鼓励在全省范围内建立科技企业孵化器，为中小企业提供创新创业服务。支持创新型中小企业申请各类国家级、省级高新技术产业项目。重点支持有资质的企业创建各级工程技术研究中心、新型研发机构和企业技术创新平台。

提高企业技术创新方面的开放合作水平。鼓励企业通过人才引入、技术进步、合作研发、委托开发、资本参与、兼并收购、专利转让等方式参与海外和省内外创新合作。加强科技创新信息的采集、分析和总结，为企业提供服务，开展科技创新合作。鼓励企业在省外、海外设立研发机构，与科研机构联合开展科技合作项目。支持企业参加各类技术标准的制订和评审。加强科技计划的开放与合作，鼓励国际国内知名企业、龙头骨干企业依法在山西设立研发机构，与山西省本土企业开展技术创新合作，共建共享研发平台。

引导技术创新人才向企业集聚。以企业中的技术研究所、企业技术中心、研发中心、工程技术中心等技术创新平台为载体，大力引进国内外科技创新主力军，政府给予风险资本补贴。加强山西省卓越工程师、高技能人才和大国工匠队伍建设，鼓励和支持企业继续培养技术人才和工程人才。以实施大型项目为契机，系统培养产业关键领域紧缺工程技术人才。促进科技人才合理流动，鼓励科研机构、高等院校和企业创新人才互联互通。继续完善企业院士专家工作站、博士后科研工作站等科技人员服务企业的有效形式，不断完善评价体系，构建长效机制。在职称评审的条件中，将科技人员服务企业的突出贡献作为其申报职称的重要依据。开展员工合理化建议、技术创新、技能竞赛等多样化活动，优先提升有突出贡献员工的技术技能等级，激发员工主动参与各项技术创新活动的积极性。

加快科技公共服务平台建设。积极推进建立一批高水平研究机构和研发中心，支持产业发展，为企业搭建更加全面和专业的技术创新服务平台。吸收国内外创新资源，重点建设技术研究中心、重点实验室等一批研发机构。加快新产品和新技术推广营销新平台建设，建立技术需求和成果发布督查机制，开展产品研发、设计和销售培训，举办大型展览，推广新产品和新技术，提供咨询服务，以确定新的工业产品和技术。

推动科技资源开放共享。建立和完善高等院校、科研机构、企业向社会开放科研设施、工具设备等科技资源的合理运行机制。加大国家和省级实验室、工程实验室、技术研究中心、大型科学仪器设备中心、分析测试中心的开放力度，确保资源互联共享情况成为机构绩效评估的重要指标。加强对山西省基础科技平台运行服务工作的考核评估和奖惩力度，积极引导科技资源单位开展专项业务。加强区域间科技资源的全面共享，提高对企业自主创新的服务能力和服务效率。

二、发挥政府的创新引导作用

政府将建设创新生态体系作为山西省的核心战略，为高质量的转型发展提供了强有力的支撑。为发挥政府的积极引导作用，首先，政府应将创新的概念和对创新生态系统的深入认识厚植于民众思想观念中，利用传统和新媒体网络打造尊重知识成果的社会风气，通过宣传标语、讲座活动、展览等方式弘扬创新文化，加快科学精神和创新文化的大力宣传力度，形成"公平竞争、保持好奇、敢于尝试、包容失败"的文化氛围，进一步发挥创新发展的群众基础以及社会基础作用。同时，政府要鼓励优秀企业家精神，提倡勤劳朴实、兢兢业业、精益求精的工匠精神，从而培育"崇尚创新、革故鼎新"的价值导向以激发企业家的创造力，不断为山西省创新生态系统的建设提供强大的精神和文化驱动力。加快建立公平竞争审查机制，消除行业垄断，打破技术壁垒，打击生产和销售假冒伪劣产品的违法犯罪行为，维护公平有序市场竞争环境。

其次，政府要做到聚企业、聚人心。对于已有企业，政府要增强其归属感，留住企业。对于外部企业，要有吸引力，使企业敢于进入、顺利进入。政府可以简化行政手续，简化住所登记手续。政府要给予宏观方向的指引，扩大服务规模，让优质资源发挥内在活力，避免出现由于政府强势而导致市场依赖程度高、企业惰性增加，习惯等、靠、要的局面。

再次，在规则的制定中，政府要脚踏实地，避免"假、大、空"的情况出现，政策核心旨在将政府作为与市场体制进行有效互补。在响应国家号召的同时要结合山西省的实际情况精心打造符合山西省的政策模式。

最后，政府要落实财税优惠政策，降低企业创新的市场进入壁垒。在政府采购上，优先采购创新型企业研发的创新产品。实施有利于传统产业技术改造的设备投资、土地改造的抵免政策。财政上设立设备改造和技术升级的专项资金，对重点变革企业进行优先扶持。减少审批事项，清理和规范各项涉企收费，降低企业所得税，实行进口免税与出口退税的优惠，降低企业创新成本。设立层层递进的支持力度，对于贡献度较大的企业，政府进行突出奖励。

三、高等院校及科研机构协同推进

高等院校及科研机构是原始创新的根本来源和主要动力，要积极整合与管理各类创新要素与资源，为市场和社会带来技术的突破和成果的创新。

高等院校及科研机构不仅是信息融合、地区发展的知识与技术来源，而且还能提供经过培训的人员，在社会与企业中传播基础知识。由于高等院校承担着知识创造与传播的职责，因此，高等院校有必要承担起技术创新和知识传播的促进者角色，捕捉和塑造分散、流动、变化的知识的创新效益，使之成为有组织学习的更有效形式，从而创造一个协同和共生的生态环境。此外，高等院校及科研机构也要积极搭建大学科技园和技术创新服务平台，强化高等院校及科研机构在转化科技成果、打造企业孵化器、培养创新创业人才和促进战略性新兴产业发展等方面的支撑性作用。高等院校应利用"中部崛起""双一流"建设等国家利好政策，结合山西省优势，发展科技创新，着力打造科技创新和成果转化基地，促进山西省创新生态系统的发展。积极与我国东部沿海等发展较好的高等院校进行交流合作，进而提升自身科研创新水平，更好地为山西省的产业升级和结构调整服务，促进山西发展。

山西省实施多项措施，推动创新创业高质量发展，旨在打造双创"升级版"，为创新创业营造良好的环境。高等院校是人才培养的摇篮，应遵循政府政策，积极发展创新创业教育，建立适合山西省发展的创业教育体系。依托太原理工大学、山西大学、中北大学等省内著名高等院校，不断加强拔尖创新型人才联合培养，促进人才交流，加大职业技术培训的力度，积极推动研究型大学与创新企业在人才培养、职业技能培训方面的交流与合作。各高等院校在开设创新创业基础课程的同时，还应开设通识课程，培养大学生的创新能力、合作意识、发散思维，使大学生了解创新创业团队、项目打造及创建企业的全过程。

四、发挥中介机构的黏合作用

以太原市获批国家知识产权运营服务体系重点城市建设为契机，建立起知识产权服务逻辑链条，组织服务机构与创新主体进行供需对接，通过整合知识产权的要素和链条，促进高质量发展。围绕特色和重点产业布局，大力实施"五提一改"工程，建设高水平知识产权服务业集聚区，提升中介机构的服务保障能力。

促进科技中介服务集群化发展，利用本地资源，整合全省资源，建立省级层面的科技中介服务网络。在科技发展水平较高的中心城区，以现有骨干科技中介服务机构为基础，打造科技中介服务产业集群。

科技中介机构在项目实施初期应提高咨询服务水平。政府应进一步完善各项规范条例，更好统一咨询服务企业经营秩序，引导其规范经营。机构自身要加快建设一支优秀的咨询人才队伍，聘请高级咨询专家，建设咨询专家后备人员。

科技中介机构在服务阶段应充分发挥传播信息的作用。随着信息技术时代的到来，科技中介机构应该注重整合各类资源。建立行业协会战略联盟，促进行业间及行业内的合作，同时加强对技术市场的监测，帮助企业充分分析市场信号，快速获取相关信息，向企业提供相关的国内外相关技术创新动态，提升企业技术研发能力。此外，机构应进行广泛的科技交流与合作，使专家和企业家能够亲自会面。一方面，可促成双方的技术合作；另一方面，专家组可以更详细地回答对企业家提出的问题，为企业技术创新和技术升级改造提出合理建议，实现互惠互利。为鼓励中小企业的创新发展，应成立中小企业科技咨询专家组，解决中小企业发展中面临的技术瓶颈。必要时组织专家团、高等院校及科研机构的研究人员进入企业工厂为企业提供现场技术咨询。同时，不断提高科技交流与合作水平，逐步实行科研合作共建实验基地、联合公布科研项目等形式，为双方的交流与合作提供良好的环境和条件。

除了提供技术培训、问题咨询、代理中介等服务，中介机构也要注重指导企业的营销理念和策略，要利用自身的丰富的人才资源和信息资源为企业提供全面化、特色化和多样化的建议，改进服务手段，为企业提供有效的服务，提高企业产值。在为企业提供服务时，注重服务质量，着重提高每一次服务的质量水平。科技中介机构可以制定一套规范的质量监管标准，对服务质量进行监测和评估，提升整体服务水平，以满足企业对更高效服务的需求。

第二节　转换创新生态系统新旧动能

一、优先培育新动能

一是建设健康创新生态系统。完善创新主体结构，促进政、产、学、研、金、服、用紧密结合，紧扣"六新"布局谋篇，切实做好"六稳"工作，深入落实"六保"任务，厚植创新发展优势，开设更多重点实验室、科研机构、技术中心，营造良好创新环境，充分激发企业创新动力与创新潜能，确保创新因子在创新生态中得到提升。

二是打造一流科技金融生态。山西转型发展离不开金融的有力支撑，构建科技与金融共赢的科技金融生态系统，促进新旧动能转换，充分发挥金融集聚功能，服务"双循环"发展模式。具体而言，要聚焦科技金融服务，拓展金融机构、金融服务、金融工具和金融产品，加大信贷投放力度，扩大授信规模，拓宽企业融资渠道，为中小微企业甚至创业者提供宽松贷款服务，打造一流科技金融生态，促进科技金融深度合作与发展。

三是凝聚科技人才助力新动能。创新是引领发展的第一动力，创新驱动实质上是人才驱动，人才也是创新生态的重要组成部分，更是推动新旧动能有序转换的根本基石。因此，一方面要加强人才建设，通过改善创新生态环境，凝聚海内外优秀人才，着力发挥人才集聚效应，强化新旧动能转换进程中的人才智力支撑，实现关键领域重大关键技术突破。另一方面要加强高等学校创新能力建设，赋予高等院校及科研机构更大科研自主权，激发科研人员创新活力，加速弥补科技创新短板。加强校企合作，通过建立"企业出题、科研揭榜"的产学研协同创新机制，促进科技成果从研究开发到产业化的有机衔接，着力解决创新政策付诸实践的"最后一公里"问题。

四是形成高质量可持续的发展体系。立足科学发展观，加快推进能源转型，推广绿色清洁能源，严格"三废"管理和处置，严格执行"三线一单"生态环境分区管控制度，不断完善生态环境保护政策，全面建立资源高效利用制度，科学构建生态价值测算评估体系，持续创新绿色发展体制机制，推进企业向优质、绿色、可持续方向发展。

五是建设战略性新兴产业集群。山西省大力发展 14 个战略性新兴产业，产业集聚的建立可以使新兴产业提高合作效率，获得完备的配套设施、产品和服务，大幅降低各项成本，吸引投资与高层次人才集聚，实现 14 大战略性新兴产业更好更快发展。

二、加快旧动能改造升级

一是打破"一煤独大"，构架"四梁八柱"。持续推动国资国企深化改革，一方面是正在加快打造具有核心竞争力、科技创新力、价格话语权的一流能源企业；另一方面是培育一批有创新意识、战略影响、竞争优势的新兴非煤企业，从煤以外寻求新的增长，打造或改造若干个与煤并驾齐驱的支柱产业。

二是以数字化、高端化、智能化、绿色化为目标，探索传统行业发展新途径，为传统产业注入新活力。积极推动钢铁、有色、焦化等传统优势产业数字化、高端化、智能化、绿色化发展，坚决改造提升传统动能，积极培养改革人才队伍，持续推进供需技术改革，进一步加大奖补力度，深入实施万项技术改造，加快推动传统产业转型升级，持续推进传统企业提质增效。

三是全面深化改革，着力推进供给侧改革。扎实推进能源革命综合改革试点工作，大力推进国有厂办大集体改革，推动科技体制重塑性改革，促进实体经济振兴。通过降低市场准入门槛，改善供给侧环境，优化供给侧机制，改革供给制度，切实实现待遇均等化。通过降低垄断程度，放宽行政管制，降低财政成本，降低人民税收，解除对土地、劳动、技术、资金等生产要素的供给约束，激发各类微观经济主体的市场活力，增强山西省经济长期稳定发展的新动力。

三、有序淘汰落后动能

一是推进"三去一降一补"，释放市场活力。去产能是为释放市场容量，去库存是为新产能提供空间，去杠杆是为避免系统性金融危机，降成本是为提高企业经营效率，补短板是为提高资源配置效率、平衡供需关系。山西省存在煤炭、焦化、钢铁等落后过剩产能，这些低利润的过剩产能需要合理释放。此外，还需要淘汰一批省内留存的"僵尸"企业，实施工业提质提速，支持实体经济发展，扩大有效投资，拉动消费升级，合理转化新旧动能，促进经济健康增长。

二是治理"散乱污"，淘汰落后产能。按照法律规定，关闭或整改一批存在能耗、环保、安全、技术不达标、生产不合格及产能落后问题的企业，促进生态环境质量提升，逐步优化产业结构。严格排污许可管理，督促企业持证排污、按证排污，对明令淘汰或立即淘汰的落后技术、落后生产设备、落后产品，坚决不予颁发证书。严厉打击环境违法行为，重点加强冶炼行业的环保执法，关闭违规企业，淘汰落后产能。严格按照合理平衡淘汰焦炉能量输出与新建焦化项目能量输出，确保焦化建成产能整体稳定下降，采取强有力措施，加快淘汰落后焦炉。

第三节　优化创新生态环境

一、激发市场活力

创新需要公平开放、有序竞争的市场和博采众议、有所作为的政府两手发力。

一是对政府在创新活动中的地位和效用进行精准定位和科学制约。政府的主要职能是适当调控宏观经济运行与营造良好的政策环境，提供全面化、系统化、整体化的服务和保障。在市场能够有效运作的领域，政府要坚决拒绝参与企业具体创新，不直接干涉创新创业进程。

二是要在配置创新资源中充分发挥市场决定性作用，为市场创新活动指明方向，通过提供创新激励、评估创新成果、进行市场技术转让，并最终为创新者提供市场收益。

三是要加强市场监督，强化知识产权保护。加强行政综合执法，完善权力快速行使机制，加大对违法违纪行为的处罚力度，提高损害赔偿标准，拓宽维权渠道，完善维权机制，为保护知识产权创造"可靠、高效、便捷"的环境。搭建科技成果转化和知识产权交易管理服务平台，推动重要科技成果落地实施。开辟高等院校及科研机构科技成果转化绿色通道，推进区域知识产权证券化。探索新兴领域审查监管模式，防止企业通过不正当竞争手段获取利益，持续打造市场化、法治化和便利化的营商环境。

二、提升服务质量

系统完整的科技服务链可以有降低创新成本，防范创新活动风险，加快科技成果转化和技术转让，提升创新能力。

一是完善创新服务体系建设。扩大技术中介服务市场，优化市场化服务方式，建设统一的"中介商城"，推进政府采购技术中介服务，逐步建立功能齐全的科技中介服务体系。

二是建立省级区域创新服务网络平台。建立跨层次、跨部门、跨行业、跨地区的协同创新组织模式，完善科技创新交流共享机制。

三是构建各类综合孵化服务平台。加快建设企业孵化器、产业技术研究院、创客空间、创新产业园等，促进科技成果产业化。

三、推动产业转型

实践经验表明，区域创新必须建立在强大而完善的产业体系和产业集群基础上。

一是完善具有山西特色的现代化工业体系。围绕山西省制造业十二大领域，发展千亿级产业和数字经济，推进重点产业高技术化、新兴产业规模化、服务产业现代化，加快建立先进的、开放的、具有国际市场竞争力的基础技术产业集群。

二是推动大中小企业合作，形成新共同体。围绕产业链，整合多家研发机构和研发平台，培育一批具有产业核心竞争力的龙头企业，推动龙头企业与初创企业在产业链上的关键技术突破和升级合作，实现大中小企业与龙头企业繁荣共生。

三是推动基础产业集群向创新产业集群转型。建立一批区域性科技中介机构，促进企业、高等院校、科研机构集聚和整合，构建一批创新产业集群，推动区域创新网络体系建成。

四、夯实基础设施

建设功能齐全的基础设施，改善要素环境，为创新提供必要的支持。

一是推进产城人融合发展。加强城市配套设施和公共服务建设，采取更有效的措施解决人才的交通、住房、医疗、子女教育等方面的问题，以完善的公共配套设施和优质的生态环境吸引人才、留住人才。

二是加大科研基础设施建设。重视大型科研设施和图书馆的建设。建设完善的通信设施，加快发展 5G、IPv6、云计算、物联网等新一代信息技术，提高区域内宽带接入能力、网络传输质量和信息应用水平，搭建安全、高效、便捷的互联网数据专用渠道，打造科技资源开放共享的创新信息平台。

五、创造良好科研环境

深化科研机构体制改革，逐步引入"开放、交流、竞争、合作"的科技机制，创造良好的科研环境，增强科技创新源泉供给能力。

一是增加科研投入力度。建立以政府财政投入为导向，企业核心技术投入为主体，社会筹资、招商引资为补充，资本融资、风险投资和银行贷款为支撑的公共投资体系，逐年提高研发投入占 GDP 的比重。

二是提高基础研究热度。在全省高等院校，特别是重点高等院校，培养尊重基础科学的态度，营造热爱基础科学的氛围。改变科技投入和支出结构，增加用于基础研究的资金比例。重点支持前沿领域的重点学科建设。

三是提高协同创新密度。推动和完善以企业、高等院校及科研机构为中心，政府、中介服务机构及其他创新组织广泛参与的合作创新模式，促进资源聚集、功能互补，产学研各创新主体利益同享、风险共担，使产学研协同创新的效用最大化。

四是增加科研自由度。在科研机构或大学破除行政顽疾和同质化现象，提高科研决策的公平性。建立一个自由、开放、公平、包容的研究环境，以兴趣为导向，以价值为驱动，切实调动科研人员的积极性，激发科研人员的创新潜能。

六、提高对外开放水平

创新需要一个开放的双赢社会环境，自我封闭搞不好创新。

一是完善开放式合作平台。充分利用"一带一路"建设、自贸试验区建设、国家级经开区建设的机遇，推进山西与其他地区科技园区合作，探索创新园区运作方式。二是推动国际国内科研合作与交流，探索人才异地合作交流制度，促进省内各创新要素自由流动。三是加强与京津冀的交流合作，实现山西与京津冀一体化发展。

第四节　健全创新生态系统可持续发展机制

一、构建产业集群创新生态

构建产业集群创新生态的方式有很多，但首要任务一定是打造产业集群的竞争核心。迅速打造产业集群的核心方式有区域产业或资源优势聚焦、龙头企业带动、市场辐射拉动、创新研发要素聚集驱动、由代工企业集聚的 OEM 集聚，以及生产性服务业汇聚等。具体而言，就是以下五个阶段：

1. "用龙头项目拉动牛鼻子"——促进集群要素集中化

"牵牛要牵牛鼻子"，最初阶段也是最关键阶段，就是要快速打造产业集群，促进集群要素迅速集中。在要素聚集阶段，产业集聚区的定位和大型尖端项目的落地是政府需要解决的主要问题。结合国际前沿、国家需要和山西实际，开展技术预测和技术安全预警分析工作。应立足省域，以补短板、建优势、强能力为方向，根据区域特点规划产业布局，聚焦一个优势特色产业并突出重点县市，全产业链开发、全价值链提升，推动产业形态由"小工厂"转变为"大产业"，空间布局由"平面分散"转变为"集群发展"，主体关系由"同质竞争"转变为"合作共赢"，打造具有较强综合竞争力的现代农业产业经济带。加强应用基础研究和自主创新，深入推进"111""1331""136"等创新工程，围绕信息技术应用创新、大数据、半导体等重点产业主攻方向，部署实施重大科技项目和工程，提高创新链整体效能，探索新型举国体制"山西实践"，提升关键核心技术攻关"山西能力"。整合国内外企业、高等院校、科研机构、社会资本等优质资源，进行合作研发。强化对尖端技术和颠覆式技术的研究，并建立科技绩效和决策评估机制，加强对大型科技研究的评估。同时，通过重大项目招资、减免税费、降低土地出让金、增强政府补贴等政策措施来吸引要素的集聚。以市场驱动为基础的产业集群建设，吸引需求、聚集客商是至关重要的。

2. "延伸产业链"——促进产业集群专业化

在汇聚好关键要素后，产业集群发展的战略重点就要逐步转向突出集群的主导产业，通过"补链"，实现"纵向成链"的目标。具体而言就是补充主导产业链缺失环节、延伸主导产业链关键环节。在这个阶段，优惠政策应侧重于吸引与现有产业链重点环节有"食物链"关系的企业，鼓励"以商招商、以企引企"，强化重点环节招商引企。在以研发为主导的产业集群中，在科技研发人员关键要素汇集后，后续的产业化、市场化环节就显得尤为重要，通过研发技术，鼓励制造商、贸易商大量进入。

3. "强健产业链"——促进产业集群规模化

在"纵向成链"之后，产业集群发展的战略重点应该是"强链"，促进产业链的薄弱部分适度竞争，吸引相关企业进入，从而实现"横向成群"的目标。从国内外产业集群的发展来看，大量企业在各个环节的竞争，不会减弱产业集群的竞争力，而会提升产业集群竞争力，有效扩大集群的市场规模。

4. "拓展产业链"——促进产业集群区域化

上述三个步骤完成后，产业集群的主要特征基本形成，产业集聚基本完成，产业集群发展的战略方针应转变为"大配套"，鼓励各种配套企业和其他关联密切的企业进入，推动集群区进入高速发展阶段，促进山西省整体经济水平快速提升。最重要的是广泛支持主导产业链的发展模式，促进产业集群知识和技术溢出，大力辐射周边产业，引导区域产业结构的优化和升级，真正实现产业集群区域化。

5. "五链耦合"——构建产业集群创新生态

围绕发展势头强劲、未来前景广阔的产业集群，以创新链为牵引、产业链为导向，推动要素链、制度链、供应链深度耦合。制定产业链图、技术路线图、应用领域图、区域分布图，全面摸清省内外不同集群的龙头企业、研发机构、创新平台，招引龙头企业、配套企业，满足产业链上下游补链需求，开展精准招商和企业培育，推动形成从上游原材料、中游深加工到下游终端生产的全产业链，着力构建"龙头企业+研发机构+配套企业+产业基金+政府服务+开发区落地"的产业创新生态圈。

二、打造创新生态技术体系

创新是企业、行业乃至产业的发展之本、取胜之道。近年来，山西省各类企业形成统一认识，致力于创新。继续加大创新研发投入，培养创新人才队伍，加强创新平台建设，使创新链、产业链满足市场需求，推进"政产学研金服用"七位一体跨界融合，打造高质量创新生态技术体系。

1. 构建重大技术创新体系

深入推进"111"工程实施。攻克一批关键技术和共性技术，重点关注重大创新平台项目、创新型龙头企业及高新技术企业孵化项目，构建全面创新体系。积极推进山西省研究生联合培养基地建设，提高研究生培养质量。推动产教融合发展，培养符合市场需求的应用型人才。扩大创新孵化器规模，建立国家级和省级企业孵化中心试点。

2. 构建创新成果产业化体系

将科研资金向创新型领军企业倾斜，切实推进科技成果产业化。积极开展"131"科技成果转化行动，加大科技成果在山西省转移转化力度。打造承接平台，引导金融资本和社会资本向科技成果转化聚集。大力支持国家重大科技专项在山西省开展后续研究和产业化应用。加强科技中介服务，搭建公共科技基础条件平台和产业科技创新服务平台，打造科技成果和风险投资中心。

3. 构建创新协同体系

构建"政产学研金服用"七位一体创新体系协同联动、融合发展、互惠共赢的新格局。以"三化"牵引产业创新发展，抓好新一代信息技术与制造业融合发展的重大机遇。构建"互联网+"融合创新体系，形成"平台+数据+应用+服务"的创新创业生态系统。进一步加快和完善区域诚信体系的建设，健全中介服务与创新主体的合作协调机制。完善区域性政策协同体系，消除因政策不协调而出现的阻力。规范市场规则，为协同创新营造公平有序的市场合作竞争秩序。

4. 构建创新平台承载体系

依托开发区打造创新集聚发展平台，推动产业和创新一体化布局。搭建汇聚"双创"要素的平台，加速吸引领军企业、龙头企业等双创顶尖资源汇集到智慧创新城市，打造产科教协同创新融合发展平台，围绕重点发展的战略性新兴产业集群设立省部共建协同创新中心，着力提升产业创新能力，建设一系列重点实验室、工程创新中心、技术研发中心等创新平台。

5. 构建开放创新体系

创新的内在实质是开放合作，开放式创新是创新驱动发展战略的内在之意，也是实现创新引领发展的关键途径。要深度融入全球开放创新体系，以开放的姿态，牢牢把握创新资源快速流动的发展机遇，积极投身全球创新网络，推动跨区域创新合作，构建开放式创新体系，推动山西创新驱动发展。

6. 建立创新标准化信息化体系

首先，以"物理分散、逻辑联通、资源共享、区域覆盖"为原则，整合利用现有数据中心资源，布局边缘计算资源池，形成省、市协同联动的"1+3+N"一体化大数据中心体系架构。其次，通过大数据中心体系建立起创新生态信息化管理体系，加快构建推动战略性新兴产业发展的标准体系，搭建一批全省创新生态系统信息集成平台。最后，畅通数据基础设施共享渠道，搭建统一的公共云服务平台，构建政府与社会互动的信息合法采集与应用机制，促进数据资源开放、共享、应用，实现创新信息与资源互联互享。

三、加强创新人才队伍建设

山西省要牢固确立人才是第一资源的理念，坚持引育结合、刚柔并举、以用为本的基本原则，创新人才机制，优化人才环境，提升人才服务水平，让各类人才在创新生态系统内充分流动，为转型发展提供强大智力支撑。创新人才队伍的培养与发展主要从人才引进、人才培育两个方面入手。

在人才引进方面，优化省内创新环境、创新条件，加强软环境建设，切实提升"高精尖缺"创新人才福利待遇，提高人才服务水平，让各类人才在山西人尽其才、才尽其用、各归其为、各展所长、各尽其才。坚持以用为本，按需引进的原则，重点引进能够突破关键技术、发展新技术产业、带动新兴学科的战略型人才和创新创业的领军人才。丰富和创新人才引进方式，赋予用人单位更大的评价自主权，大力支持企业吸引人才、聚集人才，扩大事业单位用人自主权。加强院士、博士后"两站"建设，依托"111""1331""136"等重大工程和布局中的重点实验室、技术创新中心、科技成果产业化基地等关键平台引才聚才。

在人才培育方面，实施院士后备人选培养计划，造就高水平科学家队伍和高层次创新人才。实施千名民营企业家培养行动和创新型管理人才培育计划，打造高素质专业化创新型企业家队伍。实施新时代工匠培育工程，探索校企、校政、校校合作机制，推广企业和高等院校"双导师"教育模式。推行现代学徒制和招生招工一体化，注重培育中高端技能人才。扩大青年创新人才储备，推进大学生实习基地和创业园建设，深化与省内外高等院校就业合作，打造大学生就业全链支持体系。强化职业教育，进一步推进"人人持证、技能社会"建设，根据实际需求，培育一大批专业技术人员。

四、加大财税金融支持力度

在产业转型升级、发展方式转变、经济结构优化、增长动力转换的关键时期，山西省要大力推进"科技金融三大战役"，重点抓好"数据赋能场景生态建设""科技金融复合型人才队伍建设""科技创新一体化管理"等任务，旨在构建共赢的科技金融生态圈，充分发挥金融集聚功能，推动创新生态系统可持续发展，为山西省转型发展赋能增势。

充分运用物联网、区块链、大数据、云计算、人工智能、第三方跨境支付等科技手段，助力转型综合示范区科创金融、物流金融、贸易金融、跨境金融、民生金融、绿色金融发展，积极实施投融资协调服务，拓展金融机构和金融产品资源。以科技金融服务为重点，为企业提供发展动力，为科技创新提供连续不断的资金和技术支持，更好地发挥金融的作用。发挥知识产权等无形资产对资本的杠杆作用，以解决"融资复杂、成本高昂"的问题。通过政策性贷款，大力引导金融机构为科技企业提供融资支持。

完善相关金融政策，建立区域科技银行，建立中小企业信贷管理体系，加快扩大科技保险服务范围，支持中小企业以知识产权为贷款抵押物，拓宽金融市场融资渠道，改善金融产品。引进专业投资机构，发展产权交易市场，完善交易制度，加快基金业集聚发展，成立和发展天使投资集团，打造多层次资本市场，满足企业创新需求。整合银行、风投、保险、担保以及科技金融中介机构等金融资源，建立和发展更多具有市场潜力和专业潜力的科技金融服务中心，建立健全科技金融体系，完善科技金融政策，补齐科技金融服务链，构建满足处于不同发展阶段公司资本需求的金融服务系统。

五、深入完善制度创新体系

创新制度是创新的前提和保障，也是创新生态系统的重要组成部分，优越的创新制度可以汇聚创新要素，激发人们的创造力和创新主动性，为科技创新提供有力保障，确保创新生态系统的可持续发展，最终推动社会进步。因此，山西省要加强创新制度建设，以先行先试、敢为人先的精神实施全方位制度创新。

1. 形成有利于成果转化的创新发展体制机制

加强科技同发展、创新成果同产业、创新项目同现实生产力、研发人员创新劳动同其利益收入的联系，形成有利于早出成果、多出成果、快出成果、科技成果就地转化的创新发展体系。

2. 完善重点环节制度建设

建立健全"需求众筹+全面揭榜+科学评审+里程碑管理+绩效评价"管理链条，形成政府部门、承担单位、专业机构三位一体科研管理体系。完善省科技计划管理流程，提高科技计划实施绩效，完善多元投入机制。完善重大科技项目攻关制度，建立以成果为导向的管理机制。

3. 健全知识产权保护运用体制

提高知识产权保护执法的有效性，加大对侵犯知识产权行为的处罚力度，维护知识产权安全。加强知识产权服务体系建设，强化对知识产权资产评估的管理和指导。建立知识产权长效保护机制，健全职务科技成果产权制度，赋予科研人员职务科技成果所有权或长期使用权，激励优秀科技人才。更大力度加强知识产权保护，激发全社会创新活力，构建新发展格局。

4. 完善科技成果转化服务体系

充分发挥市场在国家宏观政策调控下对资源配置的决定性作用，优化科技成果转移转化政策环境，完善重点领域和关键环节的制度配置，强化创新资源的高度融合与合理配置，健全科技成果转移转化体系。支持山西转型综合改革示范区建设，打造国家级成果转移转化示范区。完善科技成果转化激励政策，积极引导符合条件的国有科技型企业实施股份奖励、收入提成和分红激励政策，支持高等院校建设科技成果转化和技术转移示范基地，加快高等院校产业技术供给。鼓励建设高水平科技中介机构，打造线上线下一体化的技术市场，推动更多科技成果在晋转化。

5. 促进科技开放合作

全球科技创新进入高度密集活跃期，交叉融合、协作整合、包容聚合的特征日益突出，开放的科技合作成为普遍趋势。促进科技合作发展要从三个方面入手。首先，要坚持国际视角，提高对外开放水平，在优势领域打造"长板"，全方位加强国际创新合作。其次，要坚持开放合作，实施开放包容的合作战略，加强山西省一流科研机构与国际一流科研机构在优势互补领域联合研究。最后，坚持以人为本，吸引全球顶尖人才和创新团队，支持世界一流的科学家和顶尖科研团队开展重大科研任务，使山西省成为吸引优质科技创新资源的强大磁场。

六、营造良好的创新文化氛围

创新文化是企业的核心竞争力之一，没有优秀的创新文化，创新生态系统的可持续性就无法实现。创新文化是企业本身的一个强大支柱，它能够释放出一种不可估量的能量、热情、主动性和实现组织目标的责任感。

1. 大力弘扬创新精神

在全社会积极营造"尊重创新、重视成功、宽容失败、支持冒险、鼓励冒尖"的良好氛围，坚持用创新文化激发创新精神、推动创新实践、激励创新事业，让创新在全社会蔚然成风。

2. 全面提升公民科学素质

习近平总书记指出："没有全民科学素质普遍提高，就难以建立起宏大的高素质创新大军，难以实现科技成果快速转化。"提升公民科学素质，要从以下三个方面着手：一是实施青少年科学素质提升行动。通过推进义务教育以及高中阶段的科技教育，结合校外形式多样的科技教育活动，提高青少年科学素质。鼓励在校大中专学生积极参与创新竞赛，开展创新实验、创业训练和创业实践活动。加强基础学科拔尖学生培养，吸引优秀学生参与基础科学研究。二是实施劳动者科学素质提升行动。建设更多的科技馆或科普角等科普平台，增加全省范围的科普活动。出版推行科普书籍，提升全民科学素质。三是实施提高领导干部和公务员科学素质的措施。增强领导干部和公务员获取科学知识和应对科技议题的能力。

3. 建立健全创新容错机制

大力培育兼容并蓄、海纳百川的理念，树立自强不息的奋斗意识，营造崇尚创新的良好氛围，提倡厚德载物的宽广胸怀与包容失败的精神。鼓励科研人员创业创新，充分尊重科技创新规律和科研人员的创新自主权与合法利益，保障科研人员学术自由。建立健全包容创新的审慎监管制度，充分激发干事创业的主动性、积极性、创造性。

4. 完善科研诚信和科技伦理治理体系

加快建立健全科技伦理审查制度，加强风险评估、预警与应急处置，制定更加严格的法律法规。加强科技创新的伦理审查和监督，落实科研诚信主体责任，建立健全各种培训防范制度，记录科研活动，保存科研档案，完善内部监督和问责机制，推行科研诚信规范化管理。完善科研诚信承诺和报告制度，加强对科研不端行为的监督惩戒。推动科技伦理审查和监督体系建设，持续改进科技伦理风险评估和监管。加强科研诚信学风建设，强化科研伦理宣传教育。

参考文献

[1] A Martin Wildberger. Complex Adaptive Systems-concepts and Power Industry Applications [J]. IEEE Control System, 1997 (12): 77-88.

[2] Ackson D J. What is an Innovation Ecosystem? [EB/OL]. [2021-10-01]. www. researchgate. net/publication/266414637_what_is_an_innovation_ecosystem.

[3] Adner R. Match your Innovation Strategy to Your Innovation E-cosystem [J]. Harvard Business Review, 2006, 84 (4): 98.

[4] Ajanovic A, Haas R. Technological, Ecological and Economic Perspectives for Alternative Automotive Technologies up to 2050 [C] IEEE Third International Conference on Sustainable Energy Technologies, 2012.

[5] Ander R, Kapoor R. Value Creation in Innovation Ecosystem: How the Structure of Technological Interdependence Affects firm Performance in New Technology Generations [J]. Strategic Management Journal, 2009, 31 (3): 306-333.

[6] Braczyk H J, Cooke P, Heidenreich M. Regional Innovation Systems: Designing for the Future [M]. London: UCL Press, 1998.

[7] Cosh A, Hughes A, Fu X. Management Characteristics, Collaboration and Innovative Efficiency: Evidence from UK Survey Data [R]. Centre for Business Research Working Paper, 2005.

[8] Fritsch M. Measuring the Quality of Regional Innovation Systems: A Knowledge Production Function Approach [J]. International Regional Science Review,

2002, 25 (1): 86-101.

[9] Fukuda K, Watanabe C. Japanese and US Perspectives on the National Innovation Ecosystem [J]. Technology in Society, 2008, 30 (1): 49-63.

[10] Holland J H. Emergence: From Chaos to Order [M]. Addison – Wesley: Publishing Company, 1998.

[11] Hsieh, Ting-ya, Wang, Morris H-L. Finding Critical Financial Ratios for Taiwan's Property Development Firms in Recession [J]. Logistics Information Management, 2001, 14 (5/6): 401-413.

[12] Kang L, Zhou M. Analysis on the Meaning, Composition and Structure of Archives' Big Data Ecosystem [Z]. Beijing Archives, 2017.

[13] Kim K, Lee W R, Altmann J. SNA-based Innovation Trend Analysis in Software Service Networks [J]. Electronic Markets, 2015, 25 (1): 61-72.

[14] Ko L J, Blocher E J, Lin P P. Prediction of Corporate Financial Distress: An Application of the Composite Rule Induction System [J]. International Journal of Digital Accounting Research, 2001, 1 (30): 69-85.

[15] Lee Fleming, Olav Sorenson. Technology as a Complex Adaptive System: Evidence from Patent Data [J]. Research Policy, 2001 (30): 1019-1039.

[16] M D Odom, Sharda R. A Neural Network Model for Bankruptcy Prediction [C]. 1990 IJCNN International Joint Conference on Neural Networks, 1990.

[17] Mansfield E. The Economics of Technological Change [M]. New York: Norton and Company, 1971.

[18] Marco A Janssen, Brian H Walker, Jenny Langridge, Nick Abel. An Adaptive Agent Model for Analyzing Co-evolution of Management and Policies in a Complex Rangeland System [J]. Ecological Modelling, 2000 (131): 249-268.

[19] Mercier-Laurent E. Innovation Ecosystems [M]. London: Willey, 2011.

[20] Metcalfe S, Ramlogan R. Innovation Systems and the Competitive Process Indeveloping Economies [J]. The Quarterly Review of Economics and Finance, 2008, 48 (2): 433-446.

[21] Moore J F. Predators and Prey: A New Ecology of Competition [J]. Har-

vard Business Review, 1993, 71 (3): 75-86.

［22］Moore J F. The Death of Competition: Leadership and Strategy in the Age of Business Ecosystems ［M］. New York: Harper Business, 1996.

［23］Patrick Rondé, Hussler C. Innovation in Regions: What does Really Matter? ［J］. Research Policy, 2005, 34 (8): 1150-1172.

［24］Pinto H, Guerreiro J. Innovation Regional Planning and Latent Dimensions: The Case of The Algarve Region ［J］. Annals of Regional Science, 2010, 44 (2): 315-329.

［25］Samuel Bow Les, Astrid Hopf Ensitz. The Coevolution of Individual Behaviors and Social Institutions ［R］. Working Papers in Economics, 2002.

［26］Sunyang Chung S. Building a National Innovation System through Regional Innovation Systems ［J］. Technovation, 2002, 22 (8): 485-491.

［27］Turaeva R, Hornidge A K. From Knowledge Ecology to Innovation Systems: Agricultural Innovations and Their Diffusion in Uzbekistan ［J］. Innovation, 2013, 15 (2): 183-193.

［28］Utterback J M. Innovation in Industry and the Diffusion of Technology ［J］. Science, 1974, 183 (4125): 620-626.

［29］Z Wang, H Li. Financial Distress Prediction of Chinese Listed Companies: A Rough Set Methodology ［J］. Chinese Management Studies, 2007, 1 (2): 93-110.

［30］Zabala-Iturriagagoitia J M, Voigt P, Gutiérrez-Gracia A, et al. Regional Innovation Systems: How to Assess Performance ［J］. Regional Studies, 2007, 41 (5): 661-672.

［31］Zahra S A, Nambisan S. Entrepreneurship and Strategic Thinking in Business Ecosystems ［J］. Business Horizons, 2012, 55 (3): 219-229.

［32］Zhang A, Zhang Y, Zhao R. A Study on the R&D Efficiency and Productivity of Chinese Firms ［J］. Journal of Comparative Economics, 2003 (31): 444-464.

［33］埃里克·冯·希.普尔技术创新的源泉 ［M］. 柳卸林, 等译. 北京: 科

学技术文献出版社，1997．

[34] 安纳利·萨克森宁.地区优势：硅谷和128号公路的文化和竞争 [M].曹蓬，等译.上海：上海远东出版社，2000.

[35] 把打造创新生态作为战略之举 为高质量转型发展提供强大支撑 [EB/OL]. [2021-10-01]. http：//cpc. people. com. cn/n1/2019/1217/c64102-31509911. html.

[36] 包宇航，于丽英.创新生态系统视角下企业创新能力的提升研究 [J].科技管理研究，2017，37 (6)：1-6.

[37] 彼得·德鲁克.创新与企业家精神 [M].彭志华，译.北京：企业管理出版社，1989.

[38] 衣千里.基于生态位适宜度理论的区域创新系统评价研究 [J].经济研究导刊，2012 (13)：170-171+178.

[39] 陈伟.基于科技型中小企业视角的企业创新生态系统治理机制分析 [J].商业经济研究，2017 (11)：98-99.

[40] 陈向东，刘志春.基于创新生态系统观点的我国科技园区发展观测 [J].中国软科学，2014 (11)：151-161.

[41] 陈志宗.基于超效率——背景依赖 DEA 的区域创新系统评价 [J].科研管理，2016，37 (S1)：362-370.

[42] 迟妍，谭跃进，邓宏钟.基于多主体建模仿真技术在军事复杂性中的应用研究进展 [M]//宋学峰.复杂性与科学性研究进展：全国第一、二届复杂性科学学术研讨会论文集.北京：科学出版社，2004.

[43] 崔歧恩，刘帅，钱士茹.我国大学科技园运行效率研究——基于 DEA 的实证分析 [J].科技进步与对策，2011 (21)：16-21.

[44] 丁冰.当代西方经济学流派 [M].北京：经济学院出版社，1993.

[45] 董铠军.创新生态系统的本质特征与结构 [J].科学技术哲学研究，2018 (10)：118-123.

[46] 杜慧滨，顾培亮，陈卫东.基于复杂性科学的组织管理 [J].洛阳师范学院学报，2002 (5)：125-128.

[47] 方兆娃.熵概念的泛化 [J].自然杂志，1989 (2)：90-97.

[48] 费艳颖，凌莉.美国国家创新生态系统构建特征及对我国的启示 [J].科学管理研究，2019，37（2）：161-165.

[49] 冯志军，陈伟.中国高技术产业研发创新效率研究——基于资源约束型两阶段 DEA 模型的新视角 [J].系统工程理论与实践，2014，34（5）：1202-1212.

[50] 傅家骥.技术创新学 [M].北京：清华大学出版社，1998.

[51] 辜胜阻，曹冬梅，杨嵋.构建粤港澳大湾区创新生态系统的战略思考 [J].中国软科学，2018（4）：1-9.

[52] 郭凯.基于灰色系统理论与模糊数学的洛阳创新型城市评价研究 [J].科技管理研究，2014（5）：49-53.

[53] 郭丽娟，仪彬，关蓉，王志云.简约指标体系下的区域创新能力评价——基于主基底变量筛选和主成分分析方法 [J].系统工程，2011，29（7）：34-40.

[54] 郭小川.合作技术创新 [M].北京：经济管理出版社，2001.

[55] 郭燕青，姚远，徐菁鸿.基于生态位适宜度的创新生态系统评价模型 [J].统计与决策，2015（15）：13-16.

[56] 韩根秀.熵和熵的应用 [J].内蒙古师范大学学报（教育科学版），2001（4）：9-11.

[57] 侯国林，黄震方.旅游地社区参与度熵权层次分析评价模型与应用 [J].地理研究，2010，29（10）：1802-1813.

[58] 胡浩，李子彪，胡宝民.区域创新系统多创新极共生演化动力模型 [J].管理科学学报，2011，14（10）：85-94.

[59] 胡京波，欧阳桃花，谭振亚，等.以 SF 民机转包生产商为核心企业的复杂产品创新生态系统演化研究 [J].管理学报，2014，11（8）：11-16.

[60] 黄鲁成，张淑谦，王吉武.管理新视角——高新区健康评价研究的生态学分析 [J].科学学与科学技术管理，2007（3）：5-9.

[61] 黄鲁成.论区域技术创新生态系统的生存机制 [J].科学管理研究，2003a，21（2）：47-51.

[62] 黄鲁成.区域技术创新生态系统的稳定机制 [J].研究与发展管理，

2003b，15（4）：48-52.

［63］黄鲁成.区域技术创新系统研究：生态学的思考［J］.科学学研究，2003c，21（2）：215-219.

［64］黄亲国.中国大学科技园发展［M］.北京：人民出版社，2007.

［65］黄振强.杭州区域创新生态系统构建的路径与对策研究［D］.杭州：中共浙江省委党校硕士学位论文，2017.

［66］贾艳红，赵军，南忠仁，赵传燕，王胜利.基于熵权法的草原生态安全评价——以甘肃牧区为例［J］.生态学杂志，2006（8）：1003-1008.

［67］姜文仙，张慧晴.珠三角区域创新能力评价研究［J］.科技管理研究，2019，39（8）：39-47.

［68］李昂.基于系统成熟度的国家创新生态评价指标研究［J］.科技管理研究，2016，36（17）：54-60.

［69］李婧.基于动态空间面板模型的中国区域创新集聚研究［J］.中国经济问题，2013（6）：56-66.

［70］李林，刘志华，王雨婧.区域科技协同创新绩效评价［J］.系统管理学报，2015，24（4）：563-568.

［71］李帅，魏虹，倪细炉，等.基于层次分析法和熵权法的宁夏城市人居环境质量评价［J］.应用生态学报，2014，25（9）：2700-2708.

［72］李彦华，张月婷，牛蕾.中国高校科研效率评价：以中国"双一流"高校为例［J］.统计与决策，2019，35（17）：108-111.

［73］理查德·R.纳尔逊，悉尼·G.温特经济变迁的演化理论［M］.袁林，齐凯，译.北京：商务印书馆，1997.

［74］刘丹.中国民营企业家创新生态系统的成熟度评价研究［D］.沈阳：辽宁大学博士学位论文，2015.

［75］刘洪，刘志迎.论经济系统的特征［J］.系统辩证学学报，1999（7）：29-32.

［76］刘学理，王兴元.高科技品牌生态系统的技术创新风险评价［J］.科技进步与对策，2011，28（8）：115-118.

［77］吕微，法如.科技中介服务体系构建研究——以山西省为例［J］.技术

经济与管理研究，2019（10）：39-45.

[78] 罗亚非，李敦响.我国中部6省和京、沪、粤区域技术创新绩效比较研究 [J].科技进步与对策，2006（1）：18-21.

[79] 罗亚非.区域技术创新生态系统绩效评价研究 [M].北京：经济科学出版社，2010.

[80] 罗毅，李昱龙.基于熵权法和灰色关联分析法的输电网规划方案综合决策 [J].电网技术，2013，37（1）：77-81.

[81] 马大来，陈仲常，王玲.中国区域创新效率的收敛性研究：基于空间经济学视角 [J].管理工程学报，2017（1）：71-78.

[82] 迈克尔·波特.竞争优势 [M].陈小悦，译.北京：华夏出版社，1997.

[83] 蒙大斌，刘元刚.创新生态系统的生成机理与运行模式研究——基于美国硅谷和天津高新区的对比分析 [J].当代经济，2017（11）：32-35.

[84] 苗红，黄鲁成.区域技术创新生态系统健康评价研究 [J].科技进步与对策，2008（8）：146-149.

[85] 蒲则文.山西省科技创新政策效果评估 [J].经济师，2020（1）：25-26+29.

[86] 森谷正规.日本的技术——以最少的耗费取得最好的成就 [M].徐鸣，陈慧琴，等译.上海：上海翻译出版公司，1985.

[87] 邵云飞，唐小我.中国区域技术创新能力的主成分实证研究 [J].管理工程学报，2005（3）：71-76.

[88] 孙丽文，李跃.京津冀区域创新生态系统生态位适宜度评价 [J].科技进步与对策，2017，34（4）：47-53.

[89] 孙琪.基于熵值法和TOPSIS法的浙江省产业技术创新生态系统评价 [J].商业经济研究，2016（7）：212-215.

[90] 覃荔荔，王道平，周超.综合生态位适宜度在区域创新系统可持续性评价中的应用 [J].系统工程理论与实践，2011，31（5）：927-935.

[91] 屠凤娜.京津冀产业协同创新生态系统运行机制研究 [J].城市，2016（3）：22-25.

[92] 外国经济学说研究会.外国经济学讲座 [M].北京：中国社会科学出

版社，1981.

［93］万立军，罗廷，于天军，等.资源型城市技术创新生态系统评价研究
［J］.科学管理研究，2016（3）：72-75.

［94］王缉慈，等.创新生态系统——创新圆桌会议2011年第四次会议发言
摘要［N］.科技日报，2012-01-15.

［95］王璟.山西高端人才引进策略分析［J］.经济师，2016（3）：16-20.

［96］王凯，邹晓东.由国家创新系统到区域创新生态系统——产学协同创
新研究的新视域［J］.自然辩证法研究，2016（9）：97-101.

［97］王坤，王京安.技术生态视角下的技术演化分析框架［J］.经营与管
理，2017（5）：100-102.

［98］威廉·克林顿，小阿伯特·戈尔.科学与国家利益［M］.曾国屏，王
蒲生，译.北京：科学技术文献出版社，1999.

［99］威廉·米勒，玛格丽特·韩柯克，亨利·罗文.硅谷优势——创新与
创业精神的栖息地［M］.李钟文，等译.北京：人民出版社，2002.

［100］韦兰英.港口行业上市企业财务风险评价研究［J］.市场论坛，2014
（11）：44-46.

［101］吴贵生.技术创新管理［M］.北京：清华大学出版社，2002.

［102］吴开亚.主成分投影法在区域生态安全评价中的应用［J］.中国软科
学，2003（9）：123-126.

［103］吴雷.基于DEA方法的企业生态技术创新绩效评价研究［J］.科技进
步与对策，2009（18）：114-117.

［104］西蒙·库兹涅茨.现代经济增长［M］.常勋，译.北京：经济学院出
版社，1989.

［105］夏斌，徐建华，张美英，等.珠江三角洲城市生态系统适宜度评价研
究［J］.中国人口·资源与环境，2008，18（6）：178-181.

［106］许晶荣，徐敏，张阳."世界水谷"协同创新生态系统构建及其评价
［J］.水利经济，2016，34（1）：60-63+77+85.

［107］许庆瑞.研究、发展与技术创新管理［M］.北京：高等教育出版社，
2000.

[108] 许小苍，刘俊丽.基于模糊综合评价法的重庆产业生态创新系统健康状态与趋势实证研究 [J]. 海南金融，2016 (6)：32-38.

[109] 薛军，张宇，汤琦.城市创新生态系统评价指标探索 [J]. 中国科技资源导刊，2015 (1)：42-48.

[110] 颜泽贤，陈忠，等.复杂系统理论 [M]. 北京：人民出版社，1993.

[111] 杨荣.创新生态系统的界定、特征及其构建 [J]. 科学与管理，2014 (3)：12-17.

[112] 姚彦之.“熵与交叉科学研讨会”在乌鲁木齐召开 [J]. 地震地质，1987 (4)：94.

[113] 易平涛，李伟伟，郭亚军.基于指标特征分析的区域创新能力评价及实证 [J]. 科研管理，2016，37 (S1)：371-378.

[114] 约翰·H. 霍兰.隐秩序：适应性造就复杂性 [M]. 周晓牧，韩晖，译.上海：上海科技教育出版社，2000.

[115] 约瑟夫·熊彼特.经济发展理论——对于利润、资本、信贷、利息和经济周期的考察 [M]. 北京：商务印书馆，1912.

[116] 约瑟夫·熊彼特.经济周期循环论 [M]. 北京：中国长安出版社，1939.

[117] 詹妮斯·E.麦克莱伦第三，哈罗德·多恩.世界史上的科学技术 [M]. 王鸣阳，译. 上海：上海科技教育出版社，2003.

[118] 张光明，宁宣熙.扩展型企业的复杂系统特征及管理哲学探讨 [J]. 工业技术经济，2004 (6)：40-42.

[119] 张贵，李涛，原慧华.京津冀协同发展视阈下创新创业生态系统构建研究 [J]. 经济与管理，2017 (6)：5-11.

[120] 张继宏，爨瑞.山西省科技型中小企业创新政策系统研究——资源型经济转型综改背景 [J]. 科技与法律，2019 (2)：86-94.

[121] 张向先，李昆，郭顺利，等.知识生态视角下企业员工隐性知识转移过程及影响因素研究 [J]. 情报科学，2016 (10)：134-140.

[122] 赵中建，王志强.欧洲国家创新政策热点问题研究 [M]. 上海：华东师范大学出版社，2012.

［123］周大铭.企业技术创新生态系统运行风险评价研究［J］.科技管理研究，2014，34（8）：48-51.

［124］周健，李必强.供应链组织的复杂适应性特征及其推论［J］.运筹与管理，2004（6）：120-125.

［125］朱迪·埃斯特琳.美国创新在衰退［M］.闫佳，翁翼飞，译.北京：机械工业出版社，2010.

［126］朱久山.关于熵的原理和它在评估中的应用［J］.黑龙江教育学院学报，1992（1）：95-96.